职业技术·职业资格培训教材

建筑模型设计制作员（初级）

主　编　钟家珍
副主编　胡　锦
编　者　钟家珍　胡　锦　汤国强　曹孙玫
主　审　陈　蓉

中国劳动社会保障出版社

图书在版编目(CIP)数据

建筑模型设计制作员：初级/钟家珍主编. —北京：中国劳动社会保障出版社，2007
职业技术·职业资格培训教材
ISBN 978-7-5045-6764-2

Ⅰ.建…　Ⅱ.钟…　Ⅲ.模型(建筑)-设计-技术培训-教材　Ⅳ.TU205

中国版本图书馆 CIP 数据核字(2007)第 206014 号

中国劳动社会保障出版社出版发行
(北京市惠新东街1号　邮政编码：100029)
出版人：张梦欣

*

世界知识印刷厂印刷装订　　新华书店经销
787毫米×1092毫米　16开本　10.25印张　210千字
2008年1月第1版　2008年1月第1次印刷

定价：19.00元

读者服务部电话：010-64929211
发行部电话：010-64927085
出版社网址：http://www.class.com.cn

内容简介

本书由劳动和社会保障部教材办公室、上海市职业培训指导中心依据上海1+X职业技能鉴定考核细目——建筑模型设计制作员（国家职业资格五级）组织编写。本书从强化培养操作技能，掌握一门实用技术的角度出发，较好地体现了本职业当前最新的实用知识与操作技术，对于提高从业人员基本素质，掌握初级建筑模型设计制作的核心知识与技能有直接的帮助和指导作用。

本书内容分为四个单元，主要内容包括：建筑与环境模型概述、识图基础、建筑模型制作、建筑环境模型制作等。为便于读者掌握本教材的重点内容，每一单元后附有单元思考题，全书后附有一体化考核模拟试卷及相应的评分表，用于检验和巩固所学知识与技能。

本书可作为建筑模型设计制作员（国家职业资格五级）职业技能培训与鉴定考核教材，也可供全国中高等职业技术院校相关专业师生，以及本职业从业人员参加岗位培训、就业培训使用。

前 言

职业资格证书制度的推行，对广大劳动者系统地学习相关职业的知识和技能，提高就业能力、工作能力和职业转换能力有着重要的作用和意义，也为企业合理用工以及劳动者自主择业提供了依据。

随着我国科技进步、产业结构调整以及市场经济的不断发展，特别是加入世界贸易组织以后，各种新兴职业不断涌现，传统职业的知识和技术也越来越多地融进当代新知识、新技术、新工艺的内容。为适应新形势的发展，优化劳动力素质，上海市劳动和社会保障局在提升职业标准、完善技能鉴定方面做了积极的探索和尝试，推出了1+X的鉴定考核细目和题库。1+X中的1代表国家职业标准和鉴定题库，X是为适应上海市经济发展的需要，对职业标准和题库进行的提升，包括增加了职业标准未覆盖的职业，也包括对传统职业的知识和技能要求的提高。

上海市职业标准的提升和1+X的鉴定模式，得到了国家劳动和社会保障部领导的肯定。为配合上海市开展的1+X鉴定考核与培训的需要，劳动和社会保障部教材办公室、上海市职业培训指导中心联合组织有关方面的专家、技术人员共同编写了职业技术·职业资格培训系列教材。

职业技术·职业资格培训教材严格按照1+X鉴定考核细目进行编写，教材内容充分反映了当前从事职业活动所需要的最新核心知识与技能，较好地体现了科学性、先进性与超前性。聘请编写1+X鉴定考核细目的专家，以及相关行业的专家参与教材的编审工作，保证了教材与鉴定考核细目和题库的紧密衔接。

职业技术·职业资格培训教材突出了适应职业技能培训的特色，按等级、分模块单元的编写模式，使学员通过学习与培训，不仅能够有助于通过鉴定考核，而且能够有针对性地系统学习，真正掌握本职业的实用技术与操作技能，从而实现我会做什么，而不只是我懂什么。每个模块单元所附思考题用于检验学习效果，教材后附本级别的一体化考核模拟试卷，使受培训者巩固提高所学知识与技能。

本教材虽结合上海市对职业标准的提升而开发，适用于上海市职业培训和职业资格鉴定考核，同时，也可为全国其他省市开展新职业、新技术职业培训和鉴定考核提供借鉴或参考。

新教材的编写是一项探索性工作，由于时间紧迫，不足之处在所难免，欢迎各使用单位及个人对教材提出宝贵意见和建议，以便教材修订时补充更正。

劳动和社会保障部教材办公室

上海市职业培训指导中心

目　录

第1单元　建筑与环境模型概述

第2单元　识图基础

第 1 单元

建筑与环境模型概述

引导语

从整体而言，学习制作建筑与环境模型，首先应该对建筑和环境的概念有所了解，明确人与建筑之间的关系，了解建筑物构成的基本要素和建筑空间形成的理论，同时，也需要从材料、用途、表现形式等各种角度去了解各种不同类型的建筑和环境模型。只有经过这方面的学习和训练，才能从整体上把握建筑与环境设计模型方案的整体效果，在今后的学习中做到有的放矢。

本单元中，主要介绍建筑和环境的基本概念以及建筑与环境模型的各种类型和表现效果。

1.1 建筑基础

1.1.1 建筑概述

1. 建筑的概念

“建筑”这个词在大众的心目中并不陌生，对多数人而言，建筑就意味着房子。但把建筑作为一门学问（建筑学）进行研讨时就会发现，这种回答是不够确切的。房子是建筑物，但是建筑物不仅仅是房子，它还包括房子之外的其他一些对象。例如，一座街头雕塑，它们可能没有供人使用的内部空间（不能住人），实际上是一件供人欣赏或者瞻仰的纪念品或装饰品，但也用建筑的方法去建造，用建筑艺术的手法去处理，为人们带来了一个新的建筑空间和室外环境，因此也属于建筑物。某些特殊的工程，像纪念碑、凯旋门以及某些桥梁、水坝等的艺术造型部分，也属于建筑的范围。

矗立于巴黎市中心塞纳河右岸战神广场上的艾菲尔铁塔（见图 1—1），是为迎接在巴黎召开的世界博览会而于 1889 年建成的。它以铁塔的设计者、建筑工程师居斯塔夫·艾菲尔的名字命名。

牌坊是古代官方的称呼，百姓俗称它为牌楼，如图 1—2 所示。作为中华文化的一个象征，牌坊的历史源远流长。中国的古人立牌坊是一件极其隆重的事，每一座牌坊都蕴含着丰富的内涵和象征意义，而这些内涵和象征，主要是通过牌坊上雕刻彩绘的各种图案花纹，用隐喻手法表现出来的。

桥梁作为城镇的连接，既是其中的延续，又是独立存在的一部分，如图 1—3 所示。

建造房屋是人类最早的生产活动之一。早在以洞穴为居的远古时代，人们已经学会利用自然条件为自己创造一个生息之所，并在漫长的岁月里，为改善和提高自己的聚居环境做着不懈的努力。原始社会时期，社会生产力很落后，人们用树枝、石块构筑巢穴，或者在山壁上挖一个洞穴，或者在树上架一个棚架以躲避风雨和敌兽的侵袭，开始了最原始的建筑活动。从距今 5 000 多年前的我国西安附近的姜寨和半坡村氏族聚落遗址中，已经不难看出人们在长期经营自己的生活环境中，除具体的房屋建造技术外，已经考虑到居住与劳作、个体与群体活动的分区，以及防卫、储藏乃至殡葬等多种生活要求。据考古分析，我国西安附近的半坡村原始社会遗址内的建筑，就是原始人采用

图 1—1　艾菲尔铁塔

图 1—2 牌坊

图 1—3 特殊的工程——桥梁

自然材料，按自己的生活活动需要而构筑成的。斜坡屋顶既不会倒塌，又可以排雨水；屋顶上开有口，可以排气和烟，也可以采光，但雨却进不来（在侧面开口）。室内地面的中间略凹，是生火的火塘，可以取暖和烧烤食物。出入口做门，可以开启，这样一来就有利于使用，既方便出入，又能防敌兽侵袭。从图 1—4 所示半坡氏族聚落穴屋发掘平面及复原想象图中看出：这种房子应当是建筑的起源形态，特别是在构筑技术上。原始人凭经验，凭口传身授，把这种工程技术一代一代地传下来，并且不断改进和完善。

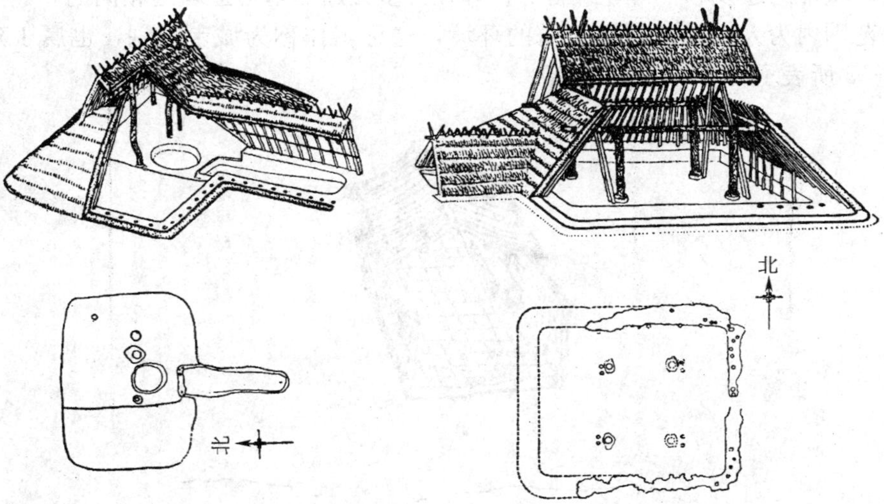

a) b)

图 1—4 半坡氏族聚落穴屋发掘平面及复原想象图

a）圆形穴屋（直径 4～6 m）

b）大方形穴屋（约 12.5 m×14 m），可能为氏族公共活动用房

随着生产力的提高，技术的不断进步，人们在建筑空间上考究起来，逐渐出现了诸如作坊、工场、店铺、钱庄、驿站、码头、书院、家塾、庄园、府邸、庙宇、宫殿等建筑类别。

当代的建筑概念早已超出了一般居住范围，建筑类型日益丰富，建筑技术不断提高，建筑的形象发生着巨大的变化，产生了供人们居住用的住宅、宿舍、别墅和旅馆；供社交和娱乐用的剧场、体育馆、度假村；供旅行和交通用的车站、码头、地下铁道、港口、机场；供饮食起居用和商业用的商店、饭店、大型超市、银行；供科学和文化用的现代化的学校和科学研究建筑、博物馆；供生产和制造用的车间、厂房、仓库等。

现代建筑物，从其构成的性质来说是与原始时期的建筑一样的，所不同的是人的需求和物质技术有了很大的进步。但不管如何发展，概括说来，从古到今建筑的目地不外乎是取得一种人为的空间环境供人们从事各种生产和生活活动。所谓人为，就是说建造这种空间需要人工、材料、技术和设备，而一经建成，这种人为的空间就产生了。这种空间有长、宽、高三维方向的尺寸，不但提供给人们一个有遮掩的内部空间，同时也带来了一个不同于原来的外部空间，可以在一定程度上防止气候、温度等变化的干扰，并可按需求将其划分为工作、休息、交往、娱乐、储藏等不同功能。

一个建筑物可以包含有各种不同的内部空间，但它同时又被包含于周围的外部空间之中，建筑正是这样以其所形成的各种内部的、外部的空间，为人们的生活创造了工作、学习、休息等多种多样的环境。房间，是建筑的最小的单元，几个这样的单元组合起来，就成了房屋，几个房屋又组合成建筑群或构成里弄、街道，而几个建筑群或街道组合起来便构成城市。城市的建设和个体建筑物的设计在许多方面的基本道理是相同的，它实际上是在更大的范围内为人们创造各种必需的环境，这种工作称为城市规划，也属于建筑的范围。图 1—5 所表示的就是建筑的范围。

a)

b)

图 1—5　建筑的范围

a）房间——建筑的最小单元　b）城市——建筑群或街道组合

房间组合成建筑，建筑组合成里弄、街道，几个建筑群或街道组合起来便构成城市。有人说，城市好像是一个放大的建筑物。车站、机场、码头等是它的“出入口”，广场是“院子”或“过厅”，街道是它的走廊。

2. 建筑和人

长期生活在城市里的人感受或许会更深一点，因为那里的人们大部分时间都和建筑接触。无论在家休息，还是在学校学习、在企业工作，除部分野外活动外，都是在建筑

（物）中进行活动的；有些户外活动，如广场，从广义来说也属于建筑空间。建筑与人的关系实在太密切了，人的基本需求是衣、食、住、行，而这里的“住”是广义的，不单指居住，而是人们的生活、生产活动的环境，严格一点说，是指人为的、由实物所限定的、人活动的空间。

一个学校，有教室、办公室、实验室、机房、学生宿舍、食堂等用房。同样，一个住宅，有起居室、卧室、厨房、卫生间、储藏室等空间，形成一个由实物构成的居住空间。这些房屋的空间是按照人的活动要求而设计构成的。比如住宅中的起居室，是一个主要提供行走、会客、交谈、娱乐、休息的场所；而卧室，则是提供睡眠、储藏、梳妆、阅读的场所。而这些围成空间的物体（如墙、地板、天花板、门窗等）表面，要尽量符合人的这类活动的性质。例如，起居室的形状、大小、高度、走道的宽度、家具的尺度、摆放家用电器的位置，以及视线、光线、通风条件等，首先必须满足人在起居室的活动需求，并按照这些需求进行设计和安排。

建筑应当满足人在空间活动的需要，而且不仅应满足单个人的需要，还应满足人与人之间的交往，乃至社会整体的需要。例如，学校中的教室，不仅有满足单个人（学生）的学习活动的需要，还要满足教师与学生、学生与学生之间相互关系的需要。教室的空间形状、大小、光线、教室空间内表面的形象等，都应当最大限度地满足这些需要。社会作为一个整体，与单个人的需求有所不同，甚至可能是对立的，因此对待建筑，既要满足单个人的活动要求，也不能忽视人际的、社会（整体）的需要。

建筑为人所造、供人所用，必然有意识或无意识地反映着人和社会，像一面镜子一样反射出人类社会生活的物质水平和精神面貌，反映出它所存在的那个时代。所以，研究建筑应该先研究人，以人为本，研究人的物质现实和观念形态，人的生理、心理、伦理和哲理等特征。如考察原始人类的物质和精神活动、社会结构和生产技术状态，就能从留存下来的原始时代建筑中去认识。从前面所提到的半坡村原始社会遗址中，可以了解到当时氏族社会的群居特征和家族结构型制，还可以了解到当时的生产技术水平。可以说，建筑的“人为”和“为人”在社会文明的进程中是同步的，建筑与人的关系是同构的。因此，研究建筑就是研究人，从这个角度而言，建筑也是一门关于人的学问。

人在社会中的地位，不同的社会历史时期是不同的。中国古代长期的封建制度，人的伦理地位是十分严格的。例如古时候在四合院住宅中居住，什么位置的房子该由什么等级的人居住，都有规定，长幼尊卑，等级分明，典型地反映人与人之间的封建伦理关系。而现代住宅与古代住宅的空间布局完全不同了，由四合院的对称布局变为不对称布局，布局的自由也反映了思想的自由。因此，建筑与人的关系除了由于物质文明需求上的不同之外，更主要的是在精神上的，特别是集中地反映在伦理道德方面的不同。如图 1—6 所示的典型徽派民居，最显著的特征是以天井为中心的采用中轴线为主、两边对称的内向四合院布局方式，四周高墙围护，采光、通风只有依靠天井。

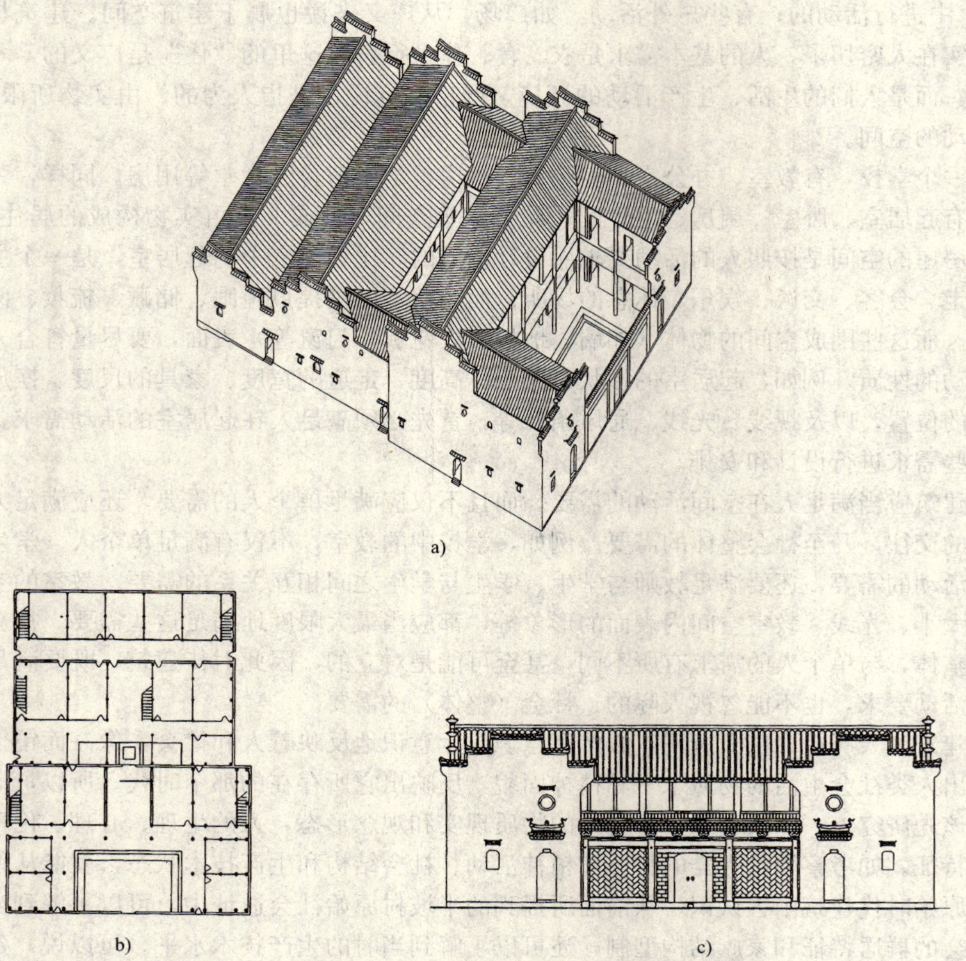

图 1—6　徽派民居
a）轴测图　b）总平面图　c）立面图

11 世纪下半叶起源于法国，13～15 世纪流行于欧洲的哥特式建筑风格（见图 1—7），以其高超的技术和艺术成就，在建筑史上占有重要地位。哥特式建筑主要见于中世纪封建社会的宗教建筑，也影响到世俗建筑。哥特式教堂的结构体系由石头组成，并使用了金属、彩色玻璃等多种材料，采用了一种叫骨架券和飞券结构的建造技术，既省材料，结构也合理，这说明封建社会比奴隶社会的生产力得到了发展，能够为建筑提供较多的材料和技术。而建筑内外的许多烦琐装饰，也反映了当时社会的工匠手工业劳动特点。哥特式宗教建筑高耸的飞券肋拱，密集的垂直线条，彩色玻璃镶嵌的狭长窗户，使教徒们似乎有一种向上升腾的感觉，正好体现了心中超世脱俗的愿望。由石头和彩色玻璃建成的哥特式教堂发挥了人们丰富的想象力，举头向上仰望，产生出一种宗教的神圣感。

图 1—7 哥特式教堂

1.1.2 建筑的基本构成要素

建筑物构成的基本要素是：建筑功能、物质技术条件和建筑形式。

1. 建筑功能

建筑功能即指建筑的实用性。任何建筑物都具有为人所用的功能，不同的功能要求不同类型的建筑物。如住宅供人生活起居；学校是教学活动的场所；园林建筑供人游览、观赏和休息；纪念碑可以陶冶情操，满足人们的精神生活要求；各类生产厂房则可以满足不同生产工艺的需要。各种类型的建筑都应该满足下述基本的功能要求。

（1）人体活动尺度的要求。人在建筑所形成的空间里活动，人体的各种活动尺度与建筑空间具有十分密切的关系。为了满足使用活动的需要，人体活动的一些基本尺度如图 1—8 所示。

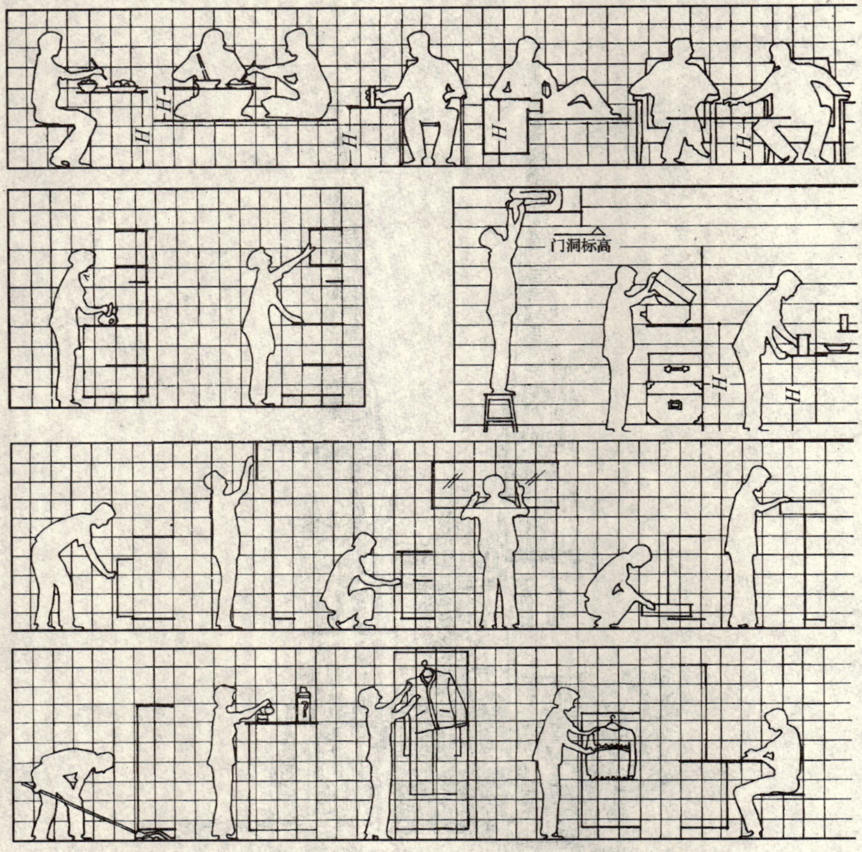

图 1—8　人与部分家具的尺度关系

（2）人的生理要求。主要包括对建筑物的朝向、保温、防潮、隔热、隔声、通风、采光、照明等方面的要求，这些都是满足人们生产或生活所必需的条件。

随着物质技术水平的提高，满足上述生理要求的可能性将会日益增大，如改进材料的各种物理性能，使用机械通风代替自然通风等。

（3）使用过程和特点的要求。人们在各种类型的建筑中活动，经常是按照一定的顺序或路线进行的，如一个合乎使用要求的铁路客运站必须充分考虑旅客的活动顺序和特点，才能合理地安排好售票厅、大厅、候车室、进出站口等各部分之间的关系。

各种建筑在使用上常具有某些特点。如影剧院，对视听系统有特殊的规范和要求；研究所的实验室，对室内的温度、湿度、通风条件有特殊的要求等，不同的要求直接影响着建筑的使用功能。在工业建筑中，许多情况下厂房的大小和高度可能不是取决于人的活动，而是取决于设备的数量和大小，某些设备和生产工艺对建筑的要求甚至比人的生理要求更为严格，有时两者甚至是互相矛盾的，如食品厂的冷冻车间对温度的要求、纺织厂对湿度的要求等。而建筑的使用过程也常是以产品的加工顺序和工艺流程来确定的。这些都是工业建筑设计中必须解决的功能问题。

2. 物质技术条件

建筑的物质技术条件主要是指房屋用什么建造和怎样去建造。大体说来，建筑的工程技术包含以下三个方面：建筑结构、建筑材料、建筑施工技术。

（1）建筑结构。结构是建筑的骨架，它为建筑提供合乎使用的空间并承受建筑物的全部载荷，抵抗由于风雪、地震、土壤沉陷、温度变化等可能对建筑引起的损坏。结构的坚固程度直接影响着建筑物的安全和寿命。

柱、梁板和拱券结构是人类最早采用的两种结构形式，由于天然材料的限制，当时不可能取得很大的空间。利用钢和钢筋混凝土可以使梁和拱的跨度大大增加，它们仍然是目前所常用的结构形式。随着科学技术的进步，人们能够对结构的受力情况进行分析和计算，相继出现了桁架、刚架和悬挑结构。无论采用上述哪一种结构形式建造房屋，最终都要把重量传给土壤。一般情况下，房屋重量的传递有两种方式：

通过建筑的墙传到基础，就是所谓的承重墙体系。承重墙结构一般由砖、石砌成，各种混凝土的大型砌块和墙板是比较先进的承重墙体材料。

通过建筑的梁和柱传到基础，就是所谓的框架体系。中国古代建筑很早就采用的木构架的柱、梁结构形式（见图 1—9a），是世界上成熟较早的框架体系。它的形式是在建筑的基座上立柱，在房屋进深方向的柱上架梁，梁上立矮柱，这样层层叠叠直至屋顶。目前较为理想的框架材料是钢筋混凝土、钢或铝合金，利用钢和钢筋混凝土可以使梁和拱的跨度大大增加，能够建造几十层乃至上百层的高楼大厦，如图 1—9b 所示。

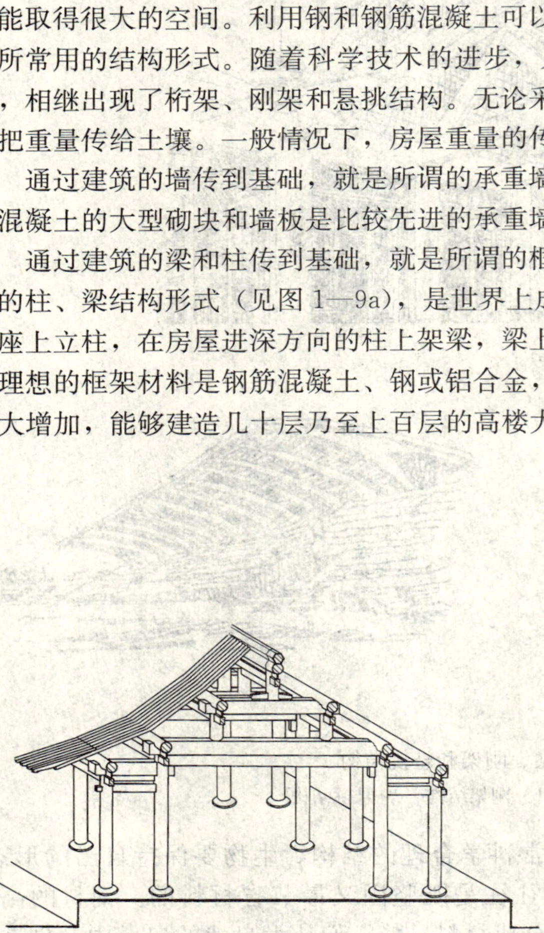

a)

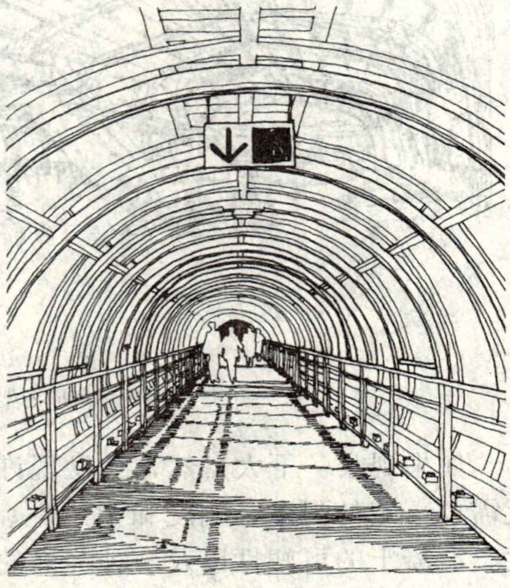

b)

图 1—9　柱、梁板和拱券结构

a）木构架的柱、梁结构形式　b）钢和钢筋混凝土形式

桁架、刚架和悬挑结构是随着科技发展出现的建筑结构。三角形桁架结构如图 1—10a 所示，是设想把梁的某些部分挖去，形成一种由杆件组成的格构件系。桁架中的杆件不像梁那样受弯，它只受拉力或压力。刚架结构如图 1—11b 所示，是介于拱和梁之间的一种结构形式，它把梁和柱连成一个整体，可以得到比一般梁跨度更大的空间，但它又不像拱那样具有弯曲的外形。悬挑结构如图 1—11c 所示，该结构利用力的平衡作用，只在一侧设有支点，因而可以取得更为灵活的空间。钢或钢筋混凝土的悬挑结构可以用作各种雨罩、棚廊、看台等。

a)

b)

c)

图 1—10　桁架、刚架和悬挑结构

a）三角形桁架结构　b）刚架结构　c）悬挑结构

如果观察一下大自然，会发现许多非常科学合理的结构。生物要保持自己的形态，就需要一定的强度、刚度和稳定性；它们往往是既坚固又最节省材料的。钢材的高强度、混凝土的可塑性以及多种多样的塑胶合成材料，使人们从大自然的启示中，创造出诸如壳体、折板、悬索、充气等多种多样的新型结构，为建筑取得灵活多样的空间提供了条件。

（2）建筑材料。建筑材料对于结构的发展具有很重要的意义。砖的出现，使得拱券结构得以发展；钢和水泥的出现，促进了高层框架结构和大跨度空间结构的发展；而塑胶材料则是一种全新的轻质建筑材料。同样，材料对建筑的装修和构造也十分重要，玻璃的出现给建筑的采光带来了方便，油毡的出现解决了平屋顶的防水问题，而用胶合板和各种材料的饰面板则正在取代抹灰中的湿操作。不同材料特性的图示，如图 1—11 所示。

建筑材料可分为天然的和非天然的两大类，它们各自又包括了许多不同的品种。为了“材尽其用”，首先应该了解建筑对材料有哪些要求以及不同材料的特性（见图 1—12）。理想的材料可以归纳为强度大、自重小、耐久等性能高、易于加工等。虽然没有“全材”，但现在正出现越来越多的复合材料。如混凝土中加入钢筋，以增加抗弯的能力；铝材或混凝土内设置泡沫塑料、矿棉等夹心层，可提高隔声和隔热效果等。

图 1—11　不同材料特性的图示

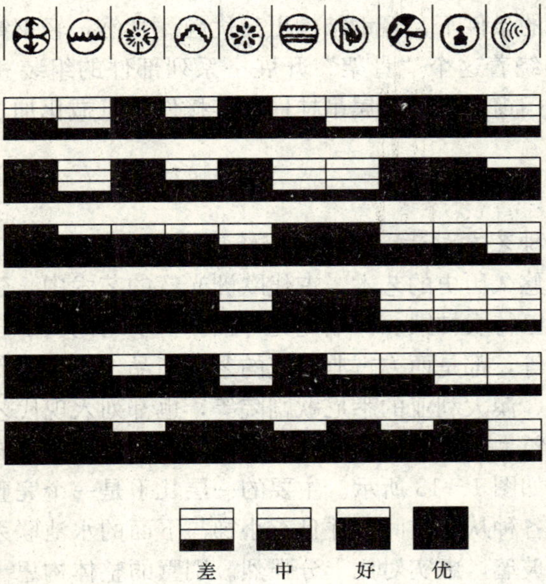

图 1—12　几种常用材料的特性比较

（3）建筑施工技术。建筑设计中的一切意图和设想，最后都要在施工实际中接受检验。建筑物通过施工，把设计变为现实。

建筑施工一般包括以下两个方面。

施工技术：人的操作熟练程度，施工工具和机械、施工方法等。

施工组织：材料的运输、进度的安排、人力的调配等。

由于建筑的体量庞大，类型繁多，同时又具有艺术创作的特点，所以许多世纪以来，施工一直处于手工业和半手工业状态。

在21世纪初，建筑开始了机械化、工厂化和装配化的进程。新的制造业思想的引进促进了建筑领域变革，使建筑施工技术发生了本质的变化。近年来，大中城市中的民用建筑正逐步产生和形成了装配化、机械化和工厂化等工业化体系，这种体系可以大大提高建筑施工的速度和产品的各项性能指标。长期以来住宅建设的相对低质量和低效率，在这种新的建造方式下可以得到很好地解决。

建筑的工业化体系，意味着住宅产业化首先应从设计开始，从结构入手，建立新型结构体系，包括钢结构体系、预制装配式结构体系，要让大部分的建筑构件，包括成品、半成品，实行工厂化作业，减少施工现场作业。在这一系统化的建造过程中，还包含着大量的新型板材和其他相关材料的使用。如果把房屋看作设备，现代化的建筑材料就是这台设备的零部件。这些零部件经过严格的工业生产可以保证其质量，组装出来的房屋才能达到功能要求。

装配式建筑可以采用不同的结构形式，如钢、木、混凝土结构等。以钢结构的装配式住宅为例，钢结构自重轻、强度高、空间利用率高，显示出很大的优越性，特别是在当今提出可持续发展和保护环境的条件下，轻钢结构更显优越。当然，轻钢结构本身仅仅是装配式住宅中的一个骨架，围绕着这个“骨架”开展一系列部件的组装和全新的供应链管理，如配套的内装饰材料和门窗、各种金属吊挂件和连接件、机械化加工工艺、专业运输设备等。

3. 建筑形象

人们往往把建筑作为一种艺术对待，把建筑描绘成所谓“凝固的音乐”。建筑确实是一种艺术，而且是一种有着悠久历史的艺术。古代欧洲光辉的艺术中，建筑占有相当大的一部分，比如古希腊著名的巴特农神殿、伊瑞克先神殿，古罗马的大斗兽场，法国的巴黎圣母院，伦敦圣保罗大教堂等，都是西方古典建筑的艺术精品。许多现代建筑，如美国的流水别墅、法国的郎香教堂、澳大利亚的悉尼歌剧院等，也都列入现代艺术作品的史册。

流水别墅是美国著名建筑大师赖特设计的私人住宅，别墅建造在瀑布之上，悬的楼板锚固在后面的自然山石中，如图1—13所示。主要的一层几乎是一个完整的大房间，通过空间处理而形成相互流通的各种从属空间，并且有小梯与下面的水池联系，正面在窗台与天棚之间是一金属窗框的大玻璃，虚实对比十分强烈。别墅的整体构思十分大胆，建成后成为世界最著名的现代建筑。

图 1—13　流水别墅

朗香教堂如图 1—14 所示，位于法国东部浮日山区的一个小山顶上，1950 年由勒·柯布西耶设计。它是勒·柯布西耶在第二次世界大战后的重要作品，代表了勒·柯布西耶创作风格的转变，对现代建筑的发展产生了重要影响。朗香教堂规模不大，仅能容纳 200 余人，教堂前有一可容万人的场地，供宗教节日时来此朝拜的教徒使用。在这个教堂的设计中，勒·柯布西耶把重点放在建筑造型上和建筑形体给人的感受上。他摒弃了传统教堂的模式和现代建筑的一般手法，把它当作一件混凝土雕塑作品加以塑造。

图 1—14　朗香教堂

中国的古代建筑中，有许多堪称艺术佳作，如北京故宫、天坛，山西晋祠，江南园林等。

北京故宫是一个建筑的杰作，故宫的平面布局、立体效果以及形式上的雄伟、堂皇、庄严、和谐都是罕见的。故宫标志着我们祖国悠久的文化传统，显示着五百多年前匠师们在建筑上的卓越成就。如图 1—15 所示为故宫宫城一角的角楼，角楼平面为十字形，屋顶是由重檐的歇山顶组合成有 72 个屋脊的复合形式，使角楼既保持有宫殿建筑的端庄又不过于呆板。

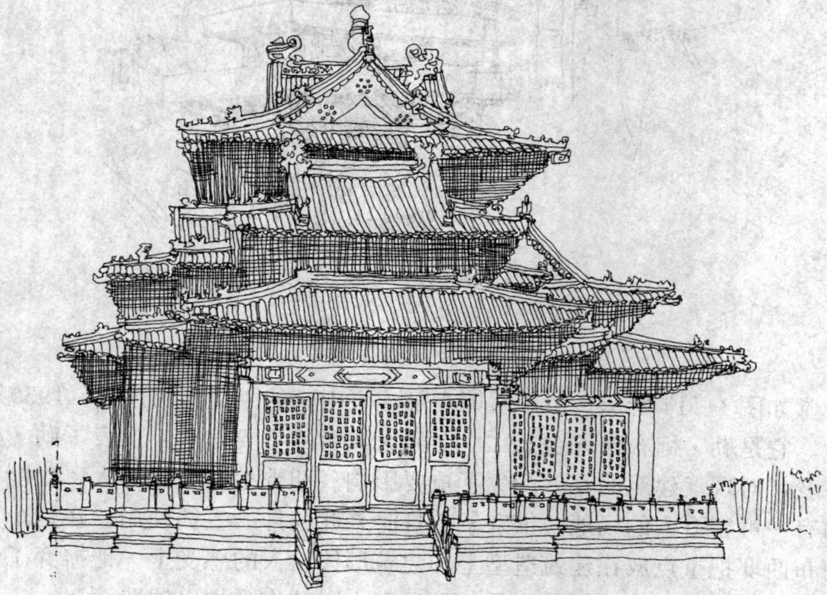

图 1—15　北京故宫一角的角楼

建筑是一种艺术，但不能说建筑就是艺术，建筑和艺术是一种交叉关系。建筑艺术不同于音乐、绘画、雕刻等其他艺术，建筑有实用的价值，它耗费大量的人力物力，建筑艺术正是以这种实用和技术为基础的。而艺术除了建筑这个门类以外，还有其他门类，如绘画、雕塑、音乐、诗歌、戏剧、电影等。在古代西方，特别是 18、19 世纪，由于过分地强调了建筑艺术特征，反而束缚了人们的手脚，有碍于建筑的其他性质特征的实现。自从 18 世纪下半叶工业革命开始以来，人们在生产、生活活动及其他社会性内容方面，对建筑提出了许多新要求。因此，从那时起，欧美的许多发达国家，从理论到实践，开始对建筑进行新的认识和探索。

现代建筑有着强烈的科学技术特征和因素，这些因素有时甚至直接参与建筑艺术之中（即科学美和技术美），“建筑是一个技术与艺术的综合体”（《建筑的艺术和技术》奈维著）。

对建筑师而言，最重要的是如何处理好功能、技术、形式这三者间的关系。总的说来，上述三者之间，功能要求是建筑的主要目的，结构材料等物质技术条件是达到目地的手段，而建筑的形式则是建筑功能、技术和艺术内容的综合表现。也就是说三者的关系是目的、手段和表现形式的关系。其中功能居于主导地位，它对建筑的结构和形象起决定的作用。结构等物质技术条件是实现建筑的手段，因而建筑的功能和形象受其制约。例如，体育馆建筑要求有遮盖的巨大空间，供运动比赛之用，这种功能要求决定了体育馆建筑要采用大跨度的结构作为它的骨架，从而也决定了一座体育馆建筑的外形轮廓不可能是一个细高体或板状体。但是反过来，如果没有一定的结构和施工技术，体育馆的功能要求就难以实现，也无从表现它的艺术形象。而建筑的艺术形象在满足功能和技术要求的前提下，可以充分地表达出建筑师的构思和想象力。建筑形象也是发展变化的，在相同功能要求和物质技术条件下，可以创造出不同的建筑形象。但是，有些建筑物，如具有纪念性意义的、象征性的、装饰性强的建筑物，为了达到美的意境，或某种形象效果，有时建筑形象会处于主导地位，起决定性作用。因此，功能、技术、形象三者之间是辩证统一的关系。

1.1.3 建筑空间

1. 空间的概念

大自然的空间是无限的。但在周围的生活中，人们还是要用各种手段取得适合于自己需要的空间。早在 2 000 多年前，中国古代哲学家老子就已对“空间”的含义做出了精辟的阐述：“凿户牖以为室，当其无，而有室之用。故，有之以为利，无之以为用。”意思是说，开凿门窗造房屋，有了门窗，四壁中间的空间，才有房屋的作用。所以“有”（门窗、墙、屋顶等实空间）所给人们的“利”（利益、功利）是需靠“无”（空间、虚空间）起作用的。

从这种“空间”的论述可以体会到：空间就是容积，是虚空间，它是和实体相对存在的；人对空间的感受是借助实体而得到的；人们常用围合或分隔的方法取得自己所需要的空间；空间的封闭和开敞是相对的，如图 1—16 所示，在草地上铺一块毯子就形成了自己的小天地；各种不同形式的空间，可以使人产生不同的感受，如图 1—17 所示，地面上的一段墙建立了一个空间，阳光下分为朝阳和背阴部分。

图 1—16　完全开敞的空间

图 1—17　相对开敞的空间

2. 建筑与空间

著名的现代建筑师格罗比乌斯提出：建筑，意味着把握空间。

建筑的空间论，既有实空间又有虚空间，是“实”的部分和“空”的部分的统一。建筑物用的是虚空间，而且这虚空间是人活动的场所，实的部分只是它的外壳，但如果没有这个实的外壳，空的部分也就不复存在了。因此，研究建筑，应当把实体和空间两者统一起来进行。

房子是空间，而那些不同于房子的建筑，如纪念碑、塔、墓也是空间。纪念碑作为空间来说，是与房子相反存在的。房子是实的空间（如墙、屋、顶等）包围或构成虚的空间，即室内空间；而纪念碑则是实空间的碑体在中间，虚空间在其四周，或者说它反包围或构成周围的虚空间。

建筑空间是一种人为的空间。墙、地面、屋顶、门窗等围成建筑的内部空间；建筑物与建筑物之间，建筑物与周围环境中的树木、山峦、水面、街道、广场等形成建筑的外部空间。建筑以它所提供的各种空间满足人们生产或生活的需要。在建筑设计中，这种实体和空间的统一也称为建筑空间的限定与组合。例如，用墙或其他面积性材料实体，把所需的空间围合起来，就构成为房间。这种空间的限定方式就称为“围”。又如，用屋顶、楼板或其他面积性材料实体置于所需的空间之上（当然还得用支撑物将它固定住），其下部就成了一个建筑空间，如房子入门的雨棚、园林中的亭子等。这种空间的限定称为“覆盖”。把“围”和“覆盖”合起来限定空间，就形成了一个完整的空间，如图 1—18 所示。

a)

b)

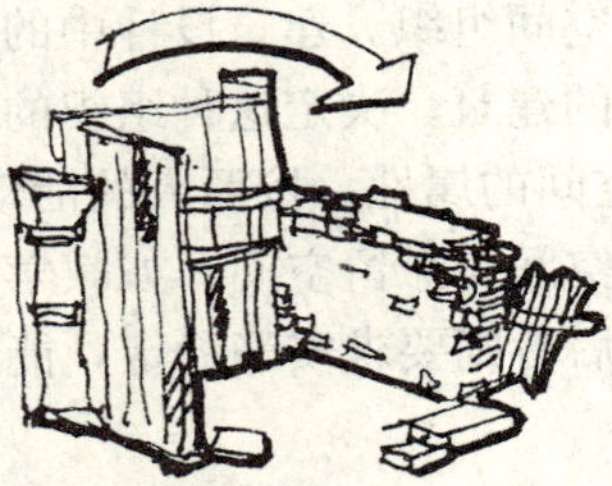

c)

图 1—18　围和覆盖

a）围和覆盖组成的空间　b）覆盖　c）围

建筑空间的限定组合，除了以上这两种方式以外，还有其他的方式。例如前面已经说过的纪念碑，它是由实体（碑）和周围的空间构成建筑的。其周围的部分，由于碑的存在而与其他远离这个实体（碑）的空间在人的心理上就有了区别，这种空间的限定称为“设立”。建筑空间的限定组合方式还包括凸起、凹进、架起和实体表面肌理变化等。

空间是建筑艺术最重要的内涵，是建筑区别于其他艺术门类的根本特征。古典建筑倾向于把建筑视为一种造型艺术，在建筑的实体处理上，如建筑的式样风格、形体组合、墙面划分以至装饰细节等方面取得了极高的成就。近代建筑则更加强调建筑的空间意义，认为建筑是空间的艺术，是由空间的向度与人活动于其中的时间向度所共同构成的时空艺术。建筑的空间组织乃是建筑功能的集中体现。近代建筑功能要求复杂、类型繁多，各种不同的建筑类型，实际是根据其功能关系的不同，对内部各空间的形状、大小、数量、彼此关系等所进行的一系列全面合理的组织与安排。墙体、地面、顶棚等则是获得这些空间的手段。

初学者的观察常常局限于建筑的实体部分，大多从它的形状、式样、颜色、质地等去观察建筑，当他谈到对某个建筑的艺术感受时，很少想到这些感受和建筑空间的关系。因为他们缺乏对空间的观察能力和想象能力。

3. 建筑空间与建筑功能

建筑空间是建筑功能的集中体现。建筑的功能要求以及人在建筑中的活动方式，决定着建筑空间的大小、形状、数量及其组织形式。

（1）空间的大小与形状。根据建筑功能使用要求，合理地确定建筑空间的大小与形状，这是建筑设计中的一个基本任务。

墙面、地面、顶棚所围合的单个空间是建筑中最基本的使用单元，单元的大小与形状是满足使用要求的最基本条件。应当注意，不能孤立地对待单一空间大小和形状的确定，因为它们还要受到整个建筑的朝向、采光、通风、结构形式以及建筑的整体布局等多种因素的影响和制约。当众多单个空间处于同一建筑中时，如何对它们进行合理地组织，是建筑设计中必须解决的问题。

（2）空间组织。建筑设计中的关键问题就是依照何种方式把单一空间组织起来，成为一幢完整的建筑。决定这种组织的重要依据，就是人在建筑中的活动方式。

1）空间的属性。按照人的活动要求，可以对不同的空间属性作如下的划分：

流通空间与滞留空间：如教学楼中，走廊为流通空间，教室为滞留空间，前者要求畅通便捷，后者则要求安静稳定，能够合理地布置桌椅、讲台、黑板等，以便进行正常的教学活动。

公共空间和私密空间：如住宅中，起居室、餐厅为公共空间，卧室为私密空间。在旅馆中，餐厅、中庭等为公共空间，客房为私密空间，而商店、餐饮、娱乐、会议等部分又可分为不同程度的半公共或半私密空间。公共空间应具有良好的交通组织和适当的活动分区，私密空间则应避免大量的人流穿行和保持安静。

主导空间与从属空间：如剧场中的观众厅为主导空间，休息厅、门厅等为从属空间。观众厅为观众最主要的活动场所，它的形状、大小和位置的决定，对整个设计起着决定性的作用，各从属空间则应视其与主导空间的关系来确定其在建筑布局中的位置。

2）空间的组织形式。就空间的组织形式而言，可大致划分为并列关系、序列关系、主从关系和综合关系四种。

并列关系是指各空间的功能相同或近似，彼此没有直接的依存关系者，常采用并列式组织，如学校的宿舍楼、教室楼、办公楼，如图 1—19 所示。

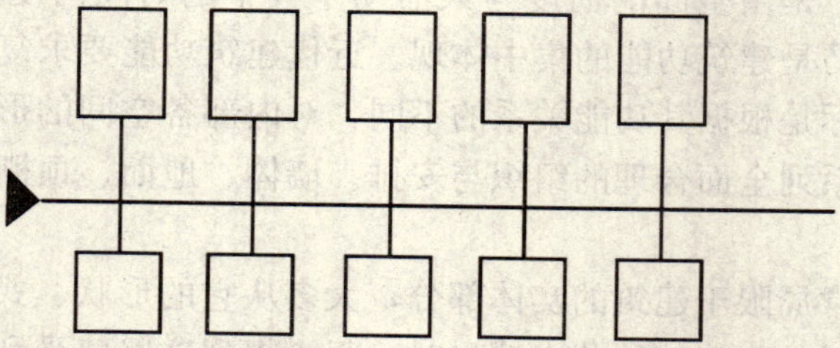

图 1—19　并列关系

序列关系是指各空间具有明确的先后顺序，人们可以按照预先设定好的路线，进行合理有序的活动，如纪念馆、展览馆、候车室等，如图 1—20 所示。

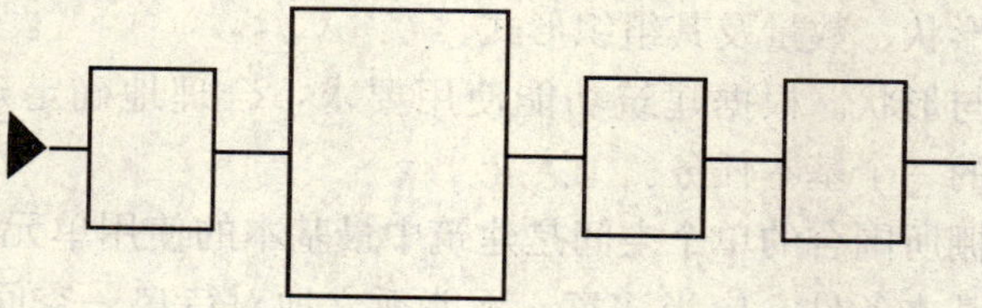

图 1—20　序列关系

主从关系是指各空间在功能上既相互依存又有明显的隶属关系，而各种从属空间多布置于主空间周围，如剧场中的观众厅与休息厅、门厅的关系，以及住宅中起居室与各卧室、餐室和厨房的关系等，如图 1—21 所示。

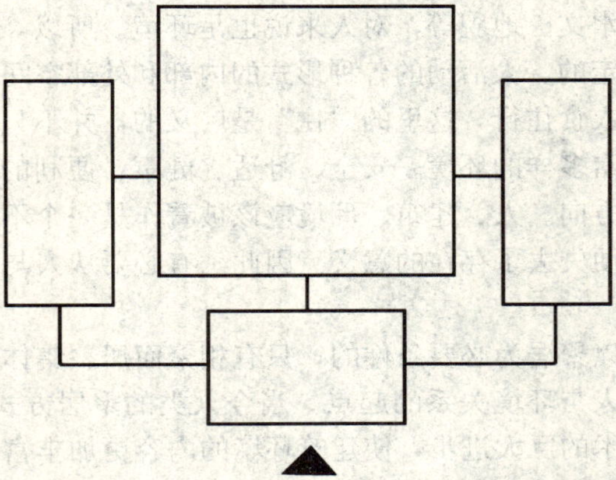

图 1—21　主从关系

综合关系是指在实际建筑中，常常要求以某一种形式为主同时兼有其他形式存在，如图 1—22a 所示。如大型旅馆中，客房部分为并列关系，大厅及其周围的商店、餐饮、休息室等为主从关系，厨房部分则可能表现为序列关系。又如单元住宅，就各单元而言为并列关系，而各单元内部则表现为以起居室为中心的主从关系。图 1—22b 所示为某小学的空间组织，这是综合关系建筑的一个具体例子。

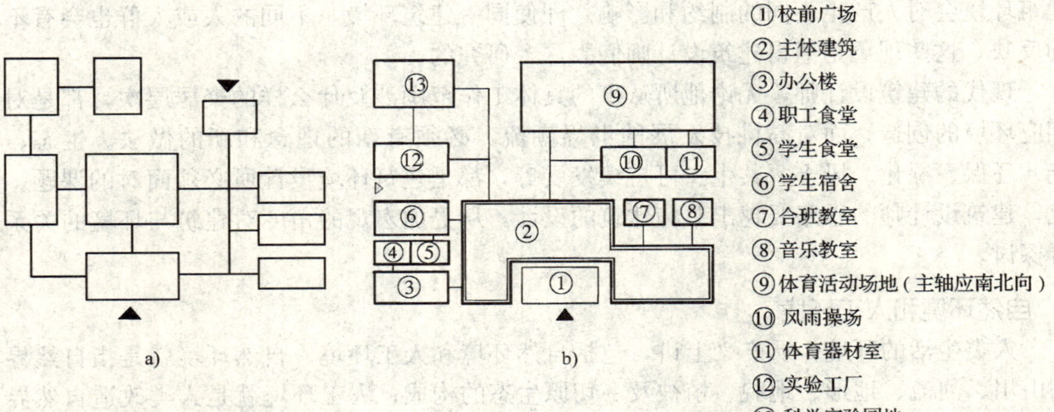

图 1—22　综合关系及其实例

a）综合关系　b）某小学的空间组织

1.1.4 建筑与环境

1. 人与环境

“环境”这个词不限于建筑，它具有多义性。例如，人群、社会也是环境；自然条件，如空气、温度、湿度、水文、地貌等，对人来说也是环境。所以，建筑作为环境来说，是指人造的、由实物所限定的、人活动的各种形式的内部和外部空间。

人生的基本需求是衣食住行，这里的“住”是广义的，并不只是居住，而是指人们的生活、活动所需要的丰富多样的环境。安全、舒适、健康、便利的生活和居住环境，是人类长久以来不变的追求方向。人、建筑、环境应该被看作是一个不可分割的整体，脱离开人对环境的要求，建筑便失去了存在的意义。因此，有必要从人与环境的角度进一步了解建筑。

人类社会的存在是以聚居为必要条件的，只有相聚而居、集体协同，人类才能维护其生存与发展，这是了解人与环境关系的起点。当今人类的聚居方式和生活内容日益复杂，加上建筑实践和建筑技术的巨大进步，使建筑环境的内容更加丰富，促进了建筑学科的产生和发展，已经形成了一个涉及室内设计、建筑设计、居住区规划、城市设计及规划乃至区域规划的，相对独立的学科体系，这个体系完整地反映出由家庭、邻里、社区、村镇和城市等不同层面所共同构成的人类庞大聚居系统对环境的需要。

建筑环境的服务对象是人，人可以创造和利用环境，但又不可避免地受到环境的制约，二者共同决定着人们的生活方式。人们生活的环境要考虑“自然的人”的需要，如阳光、空气、水、食物等，同时也要为“社会的人”提供劳作、交通、交往、集会、娱乐和安全等多种需求。人们一旦获得合用的内部空间，又必然会对周围的外部环境产生一定程度的影响。人们的生活行为模式和心理体验会对建筑环境提出不同的要求，反之，不同的建筑环境会对人产生不同的制约和影响。即使同一建筑环境，不同的人或人群也会有不同的反映，这些现象是值得建筑设计师们去深入研究的。

现代的建筑设计师，无论他所从事的具体工作范围涉及什么样的聚居层次，都是对其相应环境的创造，面对高科技发展的世界潮流，必须有新的理念和新的做法。生态、节能、环保、绿化、风土、共生、可持续发展等，都是建筑环境设计所必须面对的课题。因此，建筑设计师的思路要越出单幢建筑的设计，从更加宏观的角度对建筑与环境的关系进行探讨。

2. 自然环境和人工环境

人类生活的环境，从广义上讲，包括自然环境和人工环境。自然环境就是指自然界中的山川、河流、地形、地貌、植被及一切原生态的构成；人工环境就是人类改造自然界而形成的人为的地域空间，如建筑、城市、道路、桥梁等。

人与大自然的关系无时不在，并世世代代与大自然保持着十分密切的联系，在建筑中这一点不可避免地得到反映。建筑是一项人工产品，建筑所提供的主要是人为环境。但是，对人的生活而言，人工环境和自然环境都是不可或缺的。人们总是渴望在以建筑为主的人工环境中，得到与自然的沟通和平衡，包括室内与室外环境的结合，在建筑内部对自然环境的营造等。

江南水乡（见图 1—23）是人工与自然紧密结合的典范。经过仔细观察和研究，可以从中发现，在这些数百年来自然形成的江南村落中，实际上存在着诸如局部与整体、人工与自然、内部与外部、生理与心理及文化与地区等多种构成环境整体的因素。这些因素仍然可以作为今天认识建筑与环境关系的起点。

图 1—23　江南水乡

随着城市建筑的发展，大型公共建筑及高层住宅建筑的增多，绿地、树木、河流、湿地相应地减少了。人们眷恋失去的自然环境，特别是长期生活、工作在室内的人，更渴望周围有绿色的、自然的环境。因此，将自然环境引入建筑，已不是单纯的起装饰作用，而是提高建筑和环境质量、满足人们心理需求不可缺少的因素，如图 1—24 所示。协调处理好人类与环境之间的关系，才能真正为自己营造一个舒适、美丽、安全、实用的生存环境。

崇尚自然，热爱自然，接近自然，欣赏自然，和大自然共呼吸，这是生活中不可缺少的重要组成部分。人的空间体验不仅存在于视觉，而且存在于多种感觉，并将影响到人的行为，因此，营造一个充满生机的绿色生活空间是很有必要的。

人与空间是相互作用的。在一个不大的空间内，人工与自然、室内与室外充分融合，营造出一个充满生机的生活空间，能使人精力充沛、思路敏捷，提高工作和生活效率。这就是所谓的“环境效益”。

图 1—24　建筑中的自然环境

3. 建筑环境的相对性

任何建筑环境都是相对于一定的内容而言的，如居室中的隔声、保温以及门窗、家具、家用电器等构成居室的环境内容；居室和起居室、餐厅、厨房等构成住宅的环境内容；众多的住宅和其他服务设施如小学、商店以及交通、绿化等又构成居住区的环境内容。从相对意义来看，居室和住宅又都分别是住宅和居住区这个更大环境层次中的局部。因此，建筑环境的小与大、内与外、局部与整体是相对而言的。

取得合用的内部空间，是建造建筑物的主要目的，而建筑物一旦建成，又必然会对周围的外部环境产生一定程度的影响。它或于自然包围之中，需要对周边环境进行相应地改造；或与其他建筑物共同形成群体、街道或广场，组成以人工为主的室外环境。这些由建筑参与或以建筑为主的外部空间，同样有着丰富的活动内容和建筑艺术的魅力，是人们户外生活不可缺少的环境。

没有局部就没有整体，然而局部又是隶属于整体的，脱离了整体也就失去了对局部环境的评判标准。当评论某项建筑设计时，总不能脱离开它与周围建筑的关系，以及周围的交通组织、绿化、景观等环境条件。在一定的情况下，局部和整体还可能会存在这样或那样的矛盾，因此，在当前建筑学内部分工日趋精细的情况下，树立整体环境意识，处理好局部与整体的关系，显得尤为重要。

图 1—25 所示为一个休养所的环境布置方案。该休养所从建筑的功能需求出发，考虑到局部和整体的关系，把各种公共建筑相对集中并与绿地、公园结合，形成一个使用方便、景色完美的休养环境。

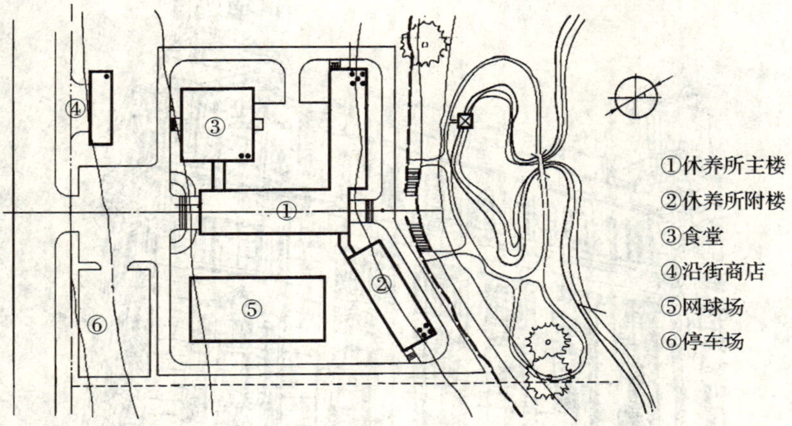

图 1—25　某休养所的环境布置方案

4. 建筑环境与文化

法国建筑大师柯布西耶在《走向新建筑》中写道：建筑应该是时代的镜子。

建筑本身具有物质与精神的双重属性，建筑环境的存在也离不开一定的时间范畴。无论单幢建筑、街道、村镇、城市，都和文化的进程密切相关，当地的社会习俗、文化艺术、宗教信仰、思想意识无不影响和充实建筑环境的内涵，形成了独具特色的建筑文化。

建筑文化的精神需要一个逐级发展和培养的过程。在技术不发达的古代，这种影响尤为明显，从而为不同的建筑环境带来了强烈的地区特色，经过时间的累积已经转化为人们文化上和心理上的认同。如上海存留至今的一些老建筑，当年兴建时曾是时髦的楼宇，现在则成为海派文化古典浪漫的代言形象，这是经过近一个世纪的积累后自然形成的结果，和上海隔江相望的城市轮廓与其历史背景相吻合。充满上海地域和文化特色的老建筑，环境的视觉效果带有浓厚的文化色彩，如图 1—26 所示。

建筑环境与文化的关系处理中，思考建筑的人文含义，尊重文化，处理好创新与继承的关系，是当今建筑学发展中的一个重要课题。一方面，要将建筑设计思想提升到人与自然的主动融合层面上，建筑追求创新，但要顾及周围所处环境，否则建筑单体再有创意，也仍旧是败笔；另一方面，对文化的重视并不意味着仅仅是对过去的形式上的模仿，而是要因地制宜，具体问题具体对待，有所继承，有所创新。

图 1—26　上海老建筑

建筑与环境的关系处理的比较好的例子如美国建筑大师理查德·迈耶设计的道格拉斯别墅（见图 1—27）。迈耶的作品非常唯美，他强调面的穿插，讲究纯净的建筑空间和体量，擅长用光线来定义空间，同时又非常注重建筑与环境的关系。在他的许多住宅作品中，白色的表面材料以绿色的自然景物作衬托，使人觉得清新、脱俗。

1.2　建筑与环境模型基础

1.2.1　建筑与环境模型的概念及其意义

1. 建筑与环境模型的概念

建筑与环境模型是以三维的立体形式，形象地表现建筑与环境规划、设计意图和效果的造型手段，也是城市规划、建筑工程设计方案报批的审查项目。

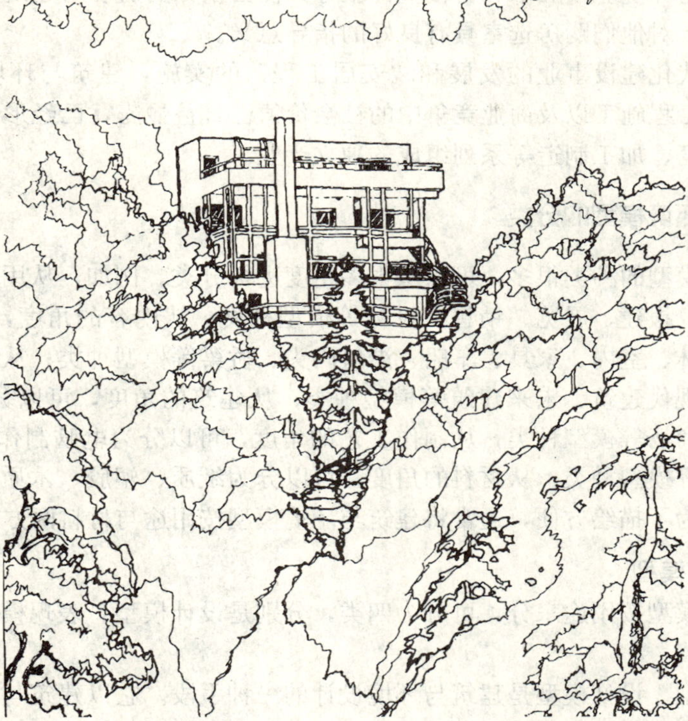

图 1—27　道格拉斯别墅

近年来，我国建筑业与房地产业一派生机，同时市场竞争也异常激烈。虽然三维模型的造价高于二维的透视建筑效果图，但是，模型直观、真实的表现效果更具感染力，从长远的经济眼光来评价，建筑与环境模型的投资回报率远高于建筑效果图。尤其是一些投标性质的建筑与环境设计以及一些档次较高的商品房、期房销售，企业普遍使用模型来展示建筑与环境的设计效果。随着我国现代化建设事业的发展，建筑与环境模型业也日益壮大。

2. 建筑与环境模型的意义

建筑与环境模型设计制作的意义在于：

（1）为建筑与环境规划、设计服务，研究建筑与环境设计方案的各个阶段和全过程，以探求理想的方案。

（2）为建筑与环境效果表现服务，使建设单位、审查单位等有关方面对建筑造型和周边环境的综合效果有比较真实的感受与体验。

（3）为建筑与环境工程施工服务，使施工单位和工程人员形象地了解建筑与环境的构造关系，弥补图纸设计中不十分清楚和完善的部分，以利于施工。

（4）为建筑与环境业绩展示和售楼宣传服务，使公众和购房者对建筑设计风格、环境特色等有所了解，对他们购房选室具有良好的指导意义。

随着我国现代化建设事业的发展和“安居工程”的实施，建筑与环境模型在建筑设计、项目报批、工程施工以及商业竞争中的社会价值已日益显露，已经形成由原材料生产和供应、设备配套、加工制造等系列组成的独立产业。

1.2.2 建筑与环境模型的分类

建筑与环境模型的种类很多，可以从很多角度进行分类。例如，从用途的角度，可以分为设计、施工、报建、展览、销售、投标等模型种类；从内容的角度，可以分为建筑、小区、都市、园林、室内、家具、车船、港口码头、桥梁等模型种类；从年代的角度，可以分为古建筑、现代建筑、未来建筑等模型种类；从建筑的角度，可以分为工厂、住宅、别墅、写字楼、商场等模型种类；从制作工艺的角度，可以分为电脑制作（CAM）、手工制作、机械制作等模型种类；从材料的角度，可以分为纸质、塑胶、木质、吹塑、复合材料等模型种类。为了描绘方便，通常将建筑与环境模型按用途与材料两方面进行分类。

1. 按用途分类的模型

建筑与环境模型按用途来分，可分为四类，分别是设计模型、表现模型、展示模型和特殊模型。

（1）设计模型。设计模型是建筑与环境设计的一种手段。它以建筑与环境单体的加减和群体的组合、拼接为手段来探讨设计方案，相当于完成建筑与环境设计的立体草图，只是以实际的制作代替了用笔绘画，其优越性显而易见，应该为建筑师、园林设计师和室内设计师所掌握。

设计模型是设计师的一种工作模型。设计建筑造型时，可做“体块模型”（见图1—28a）来辅助表现；分析结构时，可做“框架模型”（见图1—28b）解剖结构；推敲内部空间时，可做“剖面模型”（见图1—28c）来展示内部结构；布置周围环境时，可做“沙盘模型”（见图1—28d）来说明布局。这类模型的设计制作，不讲究材料、工艺，也不要求有很高的精度，只求整体效果和比例准确。但是要掌握设计模型的技法，必须要做无题模型和有题模型的基本训练。

所谓无题模型设计，就是指无确定使用要求的单纯的空间、实体的模型设计，其特点是抽象、概括和形式化。在设计过程中，要探求空间的变化，实体的加减，以及实体与实体、空间与空间、实体与空间的关系，掌握材料的选择、工具的使用、质感的处理等基本方法。图1—29所示为采用折纸做的无题模型，用来推敲空间的变化。在设计过程中，注重培养抽象、概括和提炼的能力，明确基本形体概念和运用形式构成法则。无题模型设计是一种立体构成的应用训练，是有题模型设计的基础和准备阶段。

a)　　　　b)

c)　　　　d)

图 1—28　设计模型

a）体块模型　b）框架模型　c）剖面模型　d）沙盘模型

图 1—29　无题模型

所谓有题模型设计，是指具有一定使用功能的模型设计，其特点是具体、准确和功能化。在设计中，按照一定的建筑功能要求来划分，加减空间和实体，注重每一个体面，每一个体块，每一个洞口、接口的要素以及具体的作用和含义，进而推敲其间隔的比例、尺度和对称关系，并按适当的比例制作，使每一体块和空间的三维坐标尺寸准确无误。在设计制作过程中，不断进行加减调整、修改替换，使方案逐步成熟、完善。有题模型设计要求形式与功能有机结合，材料、色彩、质感、体量组合等要与形式和功能紧密配合，使模型成为有主题的、生动的建筑与环境整体。

（2）表现模型（见图 1—30）。表现模型作为建筑设计的重要表现方法，具有直观性突出的优点和独到的表现力。这类模型的设计制作不同于设计模型，它是以设计方案的总图、平面图、立面图为依据，按比例微缩得十分准确，其材料的选择、色彩的搭配等也要根据原方案的设计构思，并适当进行加工处理。这里需要强调的是，表现模型不是单纯的依图样复制，其目的在于表现和对设计方案的完善。这一过程与设计方案的拟定一样，充满着艰辛和趣味。它把图纸上的意图和方案转换为实体和空间，这同样是一种艺术再创造。这一创造是否成功，关系到能否准确无误地表现建筑设计的外在形式、环境的构思以及建筑环境的格调。表现模型常应用于建筑报建、投标审定、施工参考等，有一定的保存和使用价值。

a)

b)

图 1—30　表现模型

a）展示建筑效果的表现模型　b）展示环境效果的表现模型

表现模型偏向于专业角度，要求尺度和空间关系准确，但效果比较单纯。

（3）展示模型。展示模型是近年来流行的为宣传都市建设业绩、房地产售楼说明所用的模型。这类模型做工非常精巧，材料与色彩特别讲究，质感强烈，装饰性、形象性、真实性显著，具有强烈的视觉冲击效果和艺术感染力。展示模型一般按图样制作，但又不受图样所束缚。在建筑层高、空间、装饰等方面可作适当夸张强调，以求取得较好的视觉效果。

展示模型是为大众服务的，往往要满足大众的口味，图 1—31 所示为展示模型表现的夜间灯光效果。

图 1—31 展示模型

(4) 特殊模型。特殊模型是指特殊用途、特殊功能和特殊材料制作的模型。如深圳“锦绣中华”“中华民俗村”“世界之窗”等都是大型特殊微缩模型，人们可以一天游览世界，一步迈进历史，对祖国、民族与世界著名建筑、民居和山川风光一览无遗。又如广州“珠江新城”总体规划模型，利用电子、机械及现代装饰艺术手段，使模型具有发光、发声、喷泉、流水、行车等动作景象，还配有自动控制与声光同步显示等特殊功能。彩图 1～彩图 3 所示为各种特殊模型的效果。

2. 按材料分类的模型

建筑与环境模型表现形式主要是从制作材料上来分类的，一般分纸质模型、木质模型、有机玻璃模型、吹塑模型、胶片模型、复合材料模型等。

(1) 纸质模型（见图 1—32）。纸质模型是利用各种不同厚薄和不同质感的纸张，经过剪、刻、切、折、粘、拼、喷、画等手段做成的。材料简便而经济，效果也好。现代造纸工业的发达，给纸质模型的发展带来良好的前景。各种卡纸、墙纸、玻璃纸、刚古纸、布纹纸、镭射卡纸、彩虹纸、水彩纸、瓦通纸、牛油纸以及特种装饰用纸的出现和利用，使纸质模型的质地色彩和纹理日新月异，成为模型制作中得心应手的材料。

(2) 木质模型（见图 1—33）。木质模型是 20 世纪 80 年代前被广泛采用的一种模型制作材料。主要采用木块与胶合板制作，用一般木工工具就可以加工，但工具和工艺要求精细，有的还要精雕细刻后喷涂颜料。这种模型还可以在表面装贴各种仿真材料，如胶片、确灵珑、特灵珑、镭射玻璃等。做成后真实感强，与建成的建筑十分相像。但加工时间长、费时费工，现在很少采用。

a)

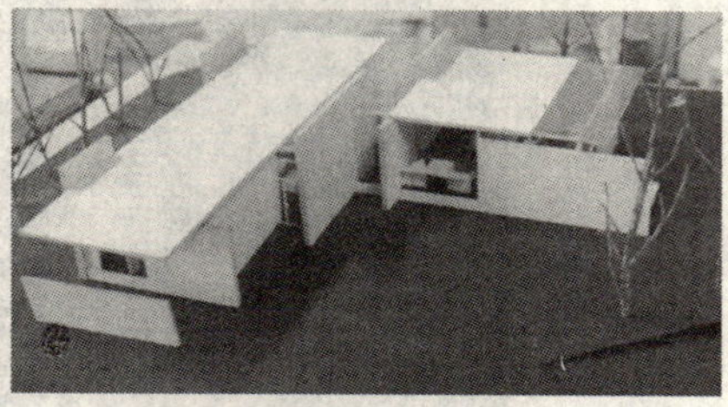

b)

图 1—32　纸质模型

a）纸质模型（一）　b）纸质模型（二）

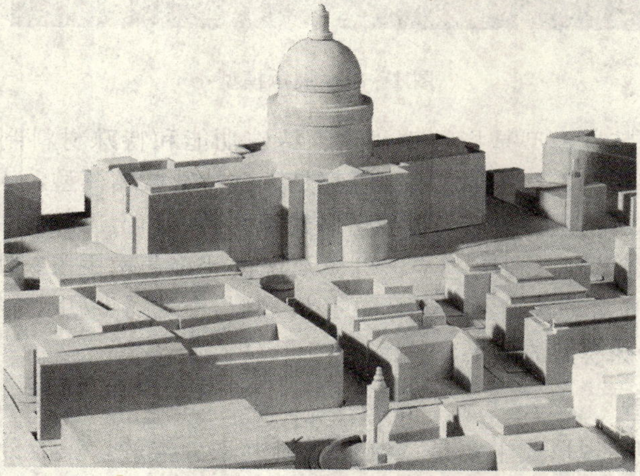

图 1—33　木质模型

（3）有机玻璃和塑料板材模型（见彩图 4）。有机玻璃具有材质高档、色彩丰富、表面光洁、易于加工、制作精确、效果优美的特点，目前被广泛采用，尤其在一些大型的建筑项目和投标的建筑与环境设计中受到普遍的重视。

（4）复合材料模型（见彩图 5）。现代建筑与环境模型，一般都采用多种材料复合制作而成。如在卡纸上复涂（贴）一层印有砖纹、石纹、水纹、木纹的薄膜的纸塑复合材料，在透明有机玻璃片下贴印有花岗石纹和木纹的仿花岗石板材等。至于模型的表现形式也不是固定的几种，设计制作者完全可以根据需要自己综合选定，创造出一种既经济、快速、加工方便，又效果良好、表现精美、富有时代感和装饰性的模型来。

多数模型都是根据需要表现的效果，然后决定采用何种材料制作，由于效果的多样性，所以一个模型内往往使用了各种不同类型的材料，以达到经济、快速、精美的模型制作效果。

1.2.3 建筑与环境模型设计制作的学习方法

建筑与环境模型设计制作的方法很多，而且每个人的学习目的、学习时间、学习程序和学习形式也不尽相同。可以说，学习方法是多种多样的。这里所强调的是学习建筑与环境模型设计制作应当具备的基础知识和条件。

1. 培养识图能力

建筑与环境设计图是设计师特有的视觉语言。和文字是语言的符号一样，作为建筑与环境设计的语言，建筑与环境设计图由各种具有不同代表意义的图形符号构成，是建筑与环境模型设计制作的基本依据。因此，学习建筑与环境模型设计制作，必须具备识图的基本能力，包括各种类型的图纸（如平面总图、分层平面图、主立面图、侧立面图、背立面图、剖面图、节点图等），弄清楚图形符号的含义。

2. 培养对比例的目测、缩放和描摹能力

设计制作建筑与环境模型，需要掌握建筑与环境模型与设计图之间的比例关系。制作时要用目测比较大小和按照比例关系认识形体，如果不具备对比例的目测与缩放能力，在看图、识图、制作时就会遇到很大的困难。此外，还需要设计制作者根据设计图用线条描摹建筑物平面和立面的形象，如描摹建筑物各种轮廓线、窗线、装饰线、材质纹理线等。要学会掌握绘线工具以及线条的使用方式。

3. 培养空间理解与想象能力

要求设计制作者将平面图纸上的形象，用立体的手法展现出来，因此必须有空间想象与创意能力。这是一种遵循建筑设计者已有意图，并经过重新思考、定位、组织而产生的一个新的空间形象。训练和培养空间想象和创意能力，首先要求设计制作者了解平面形象与立体形象的相互关系和转换规律，掌握三视图的画法以及平面图、立面图、剖面图的本质内涵，从内外多方面想象建筑物空间的实际形态，运用适当的材料将平面上的图样转化成立体的造型。

4. 培养动手能力

要求设计制作者进行各种操作训练，如画线、刻线、折线、贴纸、着色、浇注、粘接、焊接、切割、卷曲，以及钉、锯、刨、拍、锉、染、扎、串、镶、雕、编等工艺操作。做到熟能生巧，灵活运用。

5. 培养对材料工艺的把握能力

建筑与环境模型最终都要以具体的材料与工艺体现出来，设计制作者特别在把握新工具、新工艺方面要多加注意，尤其在选择材料时要特别精心。因为，它们决定了模型的加工方式、成本和外观形式。

6. 培养耐心细致和团结协作的工作态度

建筑与环境模型的设计制作是一个有序和较为复杂的综合工作过程，需要设计制作者

具有认真、细致、持之以恒、精益求精的工作态度；要掌握动手制作的技能，要有艺术和美学头脑，善于创造性工作；要善于群体协作，共同配合。

职业技能鉴定要点

行为领域	鉴定范围	鉴定点	重要程度
理论准备	建筑基础	建筑概述	★
		建筑的基本构成要素	★
		建筑空间	★★
		建筑与环境	★
	建筑与环境模型基础	建筑与环境模型概述	★★
		建筑与环境模型的分类	★★★
		建筑与环境模型设计制作的学习方法	★★

思 考 题

1. 什么是建筑？
2. 建筑如何满足人的需求？
3. 简述建筑与空间的关系。
4. 简述建筑与环境模型的种类，并分析各自的特点。

2

第 2 单元

识图基础

引 导 语

在工程实践中，无论是建筑和环境设计，还是建筑施工都离不开工程图纸。工程图纸是按一定原理、规则和方法绘制的，它能正确地表达建筑物的形状、大小、材料的组成、构造方式以及有关技术要求等内容，是表达设计意图、交流技术思想、研究设计方案、指导和组织施工及编制工程预算、审核工程造价的重要依据。

建筑与环境模型设计制作的基本依据是建筑与环境设计图。因此，学习建筑与环境模型设计制作，必须掌握一定的投影原理，具备识图的基本能力。

本单元中，主要介绍建筑制图的基本规定、正投影基础、三视图的形成和特性、组合体视图及识图方法、组合体的尺寸标注和剖面图、断面图等，以培养学员的识图能力。

2.1 建筑制图的基本规定

工程图样是设计和工程界技术交流的语言。国家标准对图样的画法、尺寸标注等作了统一规定。本节根据最新国家标准（简称国标，用字母 GB 表示）简要介绍其中有关图纸幅面、比例、字体、图线、尺寸标注等基本规定。

2.1.1 图纸幅面和格式（GB/T 14689—1993）

1. 图纸幅面及代号

图纸幅面是裁边后应达到的尺寸，是指图纸宽度和长度组成的画面。绘制图样时，应优先采用表 2—1 中规定的基本幅面尺寸（宽度 $B\times$ 长度 L），必要时可以加长幅面。

表 2—1 图纸幅面及代号 mm

幅面代号	A0	A1	A2	A3	A4
$B\times L$	841×1189	594×841	420×594	297×420	210×297
e	20		10		
c	10			5	
a	25				

2. 图框格式

图框是指图纸上限定绘图区域的粗实线框。图纸可以横向或竖向放置，取决于物体形状特征。图纸上用粗实线画出图线框，其格式分不留装订边和留有装订边两种。它们的样式及各自的周边尺寸如图 2—1 和图 2—2 所示。

3. 标题栏

工程图纸应有工程名称、图名、图号、设计号及设计人、绘图人、审批人的签名和日期等，把这些集中列表放在图纸的右下角，称为图纸标题栏。其大小及格式如图 2—3 所示。

工程名称：指某个工程的名字，如“××建筑”。

项目：指本工程的一个建筑物，如“门厅”。

图纸名称：表明本张图纸的主要内容，如“平面图”。

设计号：是设计部门对该工程的编号，有时也是工程的代号。

图别：表明本图所属的工种和设计阶段，如“建施”（建筑施工图）。

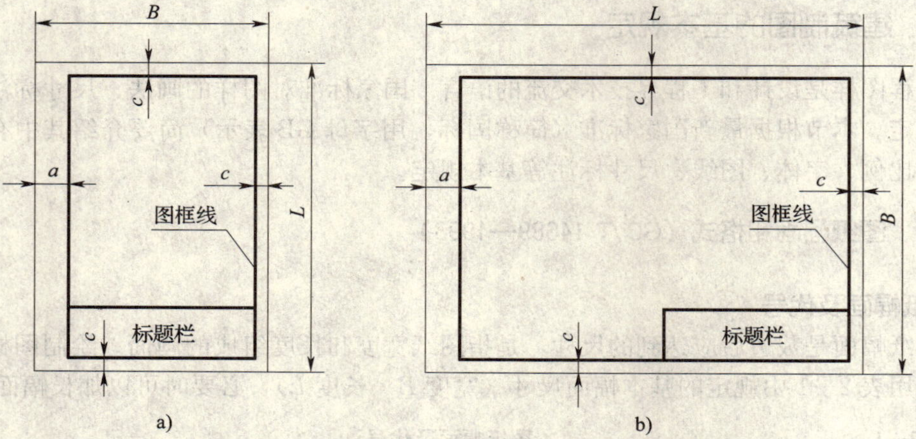

图 2—1　留装订边的图纸幅面和图框格式

a）竖装　b）横装

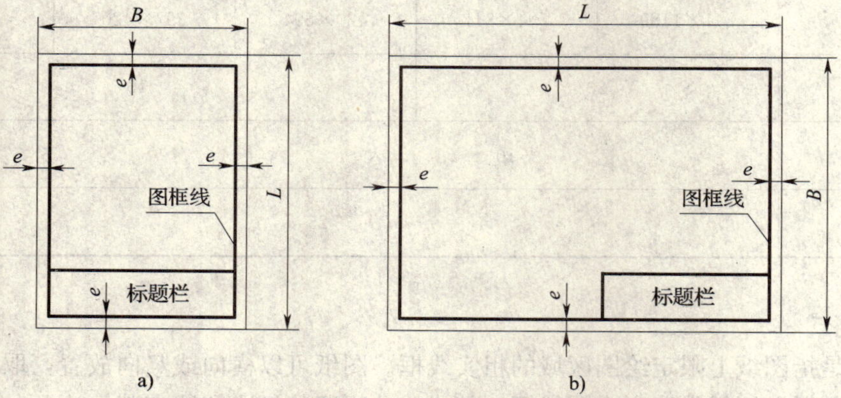

图 2—2　不留装订边的图纸幅面和图框格式

a）竖放　b）横放

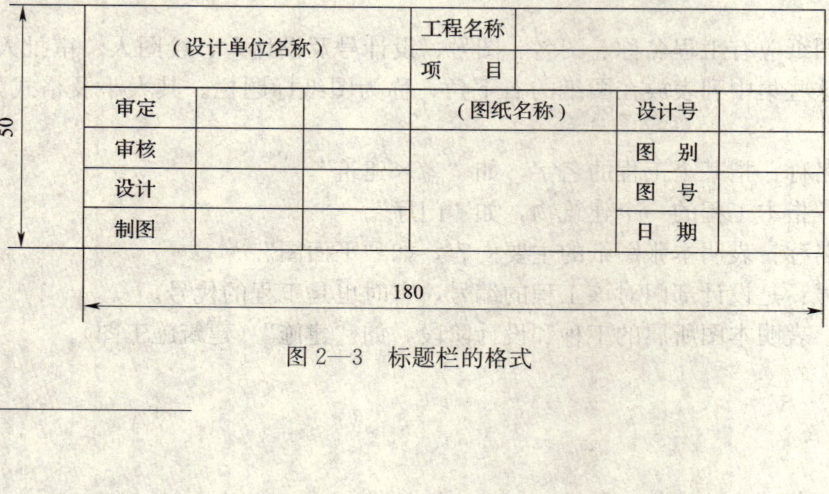

图 2—3　标题栏的格式

图号：表明本工种图纸的编号顺序（一般用阿拉伯数字注写）。

大图标用于0、1及2号图纸上，大小为180 mm×50 mm，位置在图纸的右下角。小图标用于2、3及4号图纸上，大小为85 mm×40 mm，位置在图纸的右下角。

2.1.2 比例（GB/T 14693—1993）

图样的比例，是指图样中图形与其实物相应要素的线性尺寸之比。分原值比例、放大比例和缩小比例三种。绘制图样时，优先采用表2—2规定的系列中不带括号的适当比例。比例符号以“：”表示。

表2—2 绘图比例

种类	比　例
原值比例	1∶1
缩小比例	(1∶1.5)，1∶2，(1∶3)，(1∶4)，1∶5，(1∶6)，1∶1×10，(1∶1.5×10)，1∶2×10 (1∶1.25×10)，(1∶3×10)，(1∶4×10)，1∶5×10，(1∶6×10)
放大比例	2∶1，(2.5∶1)，(4∶1)，5∶1，1×10∶1，2×10 ∶1，(2.5×10∶1)，4×10∶1，5×10∶1

无论放大或缩小，在标注尺寸时必须标注物体的实际尺寸。图2—4表示同一物体采用不同比例所画出的图形和标注的尺寸。

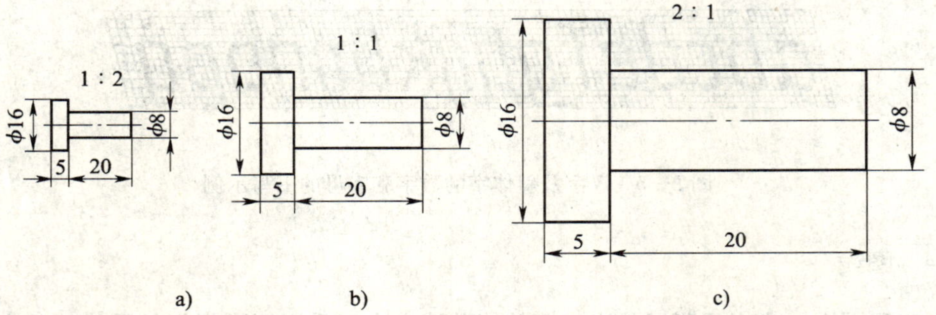

图2—4 不同比例的图形及标注

a) 缩小一倍（1∶2） b) 原值 c) 放大一倍（2∶1）

2.1.3 字体

工程图纸常需用汉字、数字和字母来说明建筑的大小和技术要求，书写的字体必须做到：字体工整、笔画清楚、排列整齐、间隔均匀。汉字推荐使用长仿宋体，并采用国家正式公布推行的简化字。

字体的号数即字体的高度 h，常用系列为：20，14，10，7.5，3.5，2.5（单位为 mm）。书写汉字的高度应不小于 3.5 mm，数字的高度应不小于 2.5 mm。

数字和字母可写成直体或斜体，斜体字字头向右倾斜，与水平线约成 75°。汉字及斜体字的数字和字母的书写示例如图 2—5 所示。

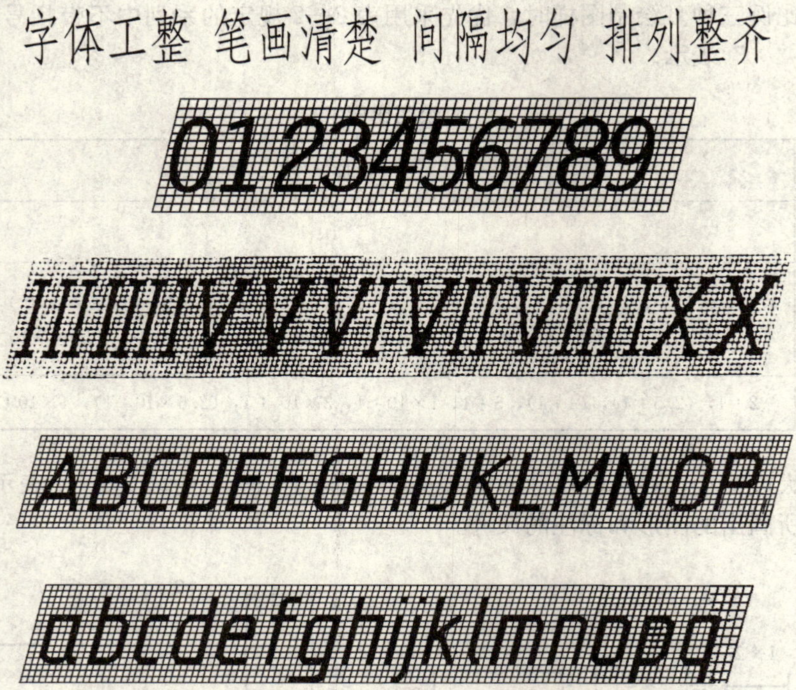

图 2—5　汉字及斜体字的数字和字母的书写示例

2.1.4　图线

在工程图中，为表示不同的内容，并能分清主次，采用不同粗细的图线。基本线型有实线、虚线、点画线、折断线、波浪线等。不同粗细的图线分粗、中、细三种，其线宽之比为 1b∶0.5b∶0.35b。各种图线的名称、线型、线宽和主要用途见表 2—3。各种线型的应用如图 2—6 所示。

表 2—3　　　　图线的线型、宽度和主要用途

图线名称	图线型式	图线宽度	主要用途
粗实线		1b	可见轮廓线 剖面图中被剖部分的轮廓线、结构图中的钢筋线、建筑物或构筑物的外形轮廓线、剖切位置线、地面线、详图符号圆圈、图纸的框图线、新设计的给水管线等
中等粗实线		0.5b	可见轮廓线 剖面图中未剖到但仍能看到而需要画出的轮廓线、标注尺寸的尺寸起止 45°短线、原有的各种给水管线或循环水管线
细实线		0.35b	尺寸线、尺寸界线、剖面线、索引符号的圆圈、引出线、标高符号线、重合断面的轮廓线、较小图形的中心线等
中等粗虚线		0.5b	需要画出看不到的轮廓线、建筑平面图中运输装置的外轮廓线、原有的排水线、拟扩建的建筑工程轮廓线等
粗虚线		1b	新设计的各种排水管线、总平面及运输图中的地下建筑物或构筑物
细点画线		0.35b	中心线、对称线、定位轴线
细双点画线		0.35b	假想轮廓线、成型以前的原始轮廓线
粗点画线		1b	结构图中梁或构架的位置线、建筑图中的吊车轨道线、其他特殊构件的位置指示线
折断线		0.35b	不需要画全的断开界线
波浪线		0.35b	不需要画全的断开界线、构造层次的断开界线
加粗粗实线		1.4b	需要画上更粗的图线，如建筑物或构筑物的地面线、剖切平面位置的线段等

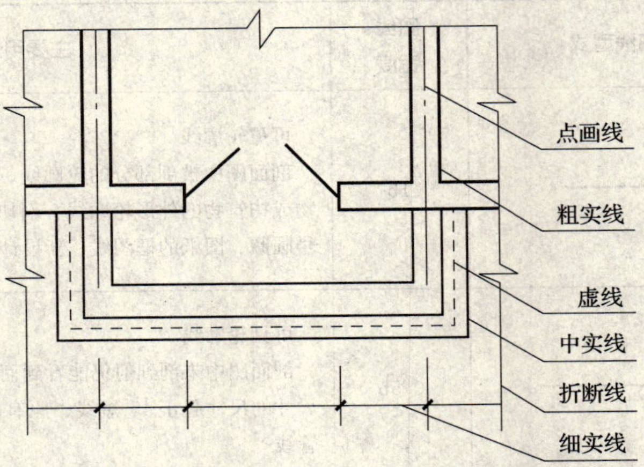

图 2—6　各种线型的应用

2.1.5　尺寸标注

用图线画出的图样只能表达物体的图样，必须通过标注尺寸才能确定物体的大小。尺寸是设计和施工的依据。尺寸的组成应包括尺寸界线、尺寸线、尺寸起止符号和尺寸数值四个要素，如图 2—7 所示。

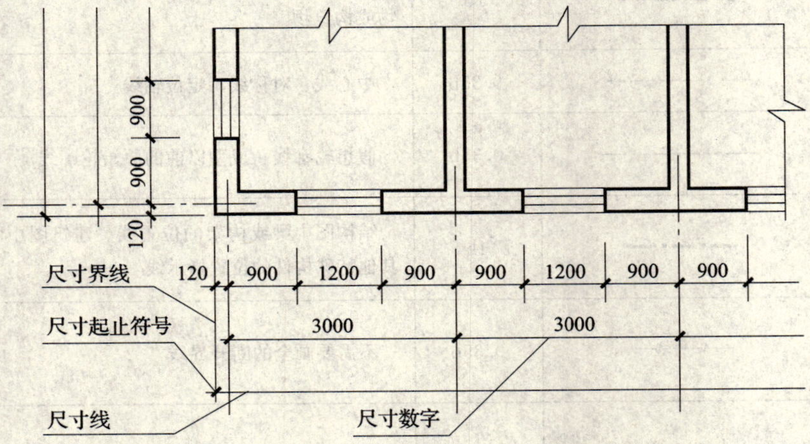

图 2—7　尺寸的组成

图样中的尺寸，以毫米（mm）为单位时，不需标注计量单位的代号或名称；如采用其他单位，则必须注明相应的计量单位的代号或名称。

1. 尺寸标注的四要素

（1）尺寸线。尺寸线表示所注尺寸的范围，用细实线绘制。尺寸线必须与所标注的线段平行。

（2）尺寸界线。尺寸界线表示所注尺寸的界线，用细实线绘制。尺寸界线一般应与尺寸线垂直。

（3）尺寸起止符号。尺寸线的终端有两种形式：箭头和 45°斜线。箭头适用于各种类型的图样，箭头应画在尺寸线的两端，并与尺寸界线接触。

（4）尺寸数字。尺寸数字表示所注尺寸的数值。线形尺寸的数字一般注在尺寸线上方或尺寸线的中断处。水平尺寸字头朝上，垂直尺寸字头朝左。尺寸数字必须依据读数方向注写在尺寸线上方中部；当尺寸界线的间隔太小时，最外边的数字可以注写在尺寸界线的外侧，中间的尺寸数字可与相邻的数字错开些，必要时也可引出标注，如图 2—8 所示。

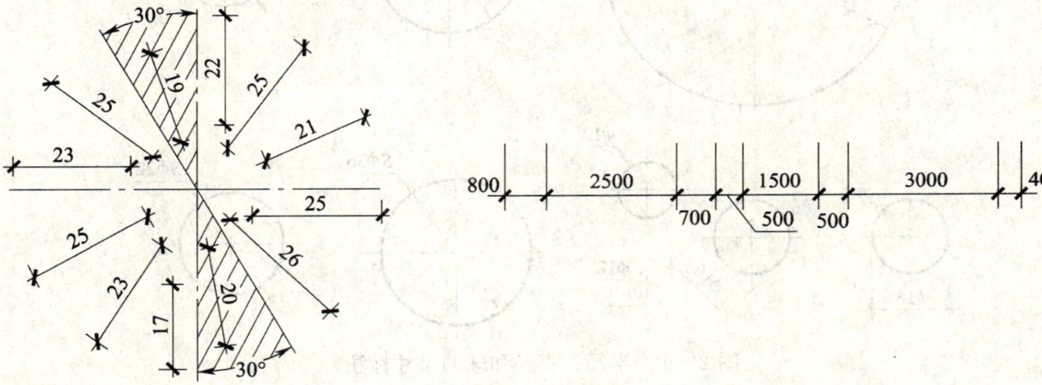

图 2—8　尺寸数字注法

2. 半径、直径和球的尺寸标注

在圆弧上标注半径时，尺寸线必须从圆心画起或对准圆心，另一段画箭头，半径数字前加字母“*R*”。在圆上标注直径时，尺寸线应通过圆心或其延长线通过圆心，尺寸起止符号用箭头表示，直径数字前加字母“ϕ”。球的半径或直径的尺寸标注需在 *R* 或 ϕ 的前面加字母“*S*”，如“*SR*”“*S*ϕ”。半径、直径和球的尺寸标注如图 2—9 所示。

3. 角度、弧长、弦长的尺寸标注

角度的尺寸线是以角的顶点圆心画圆弧线，角度的两边为尺寸界线，尺寸起止符号用箭头表示；角度尺寸数字一律水平书写。角度、弧长、弦长的尺寸标注如图 2—10 所示。

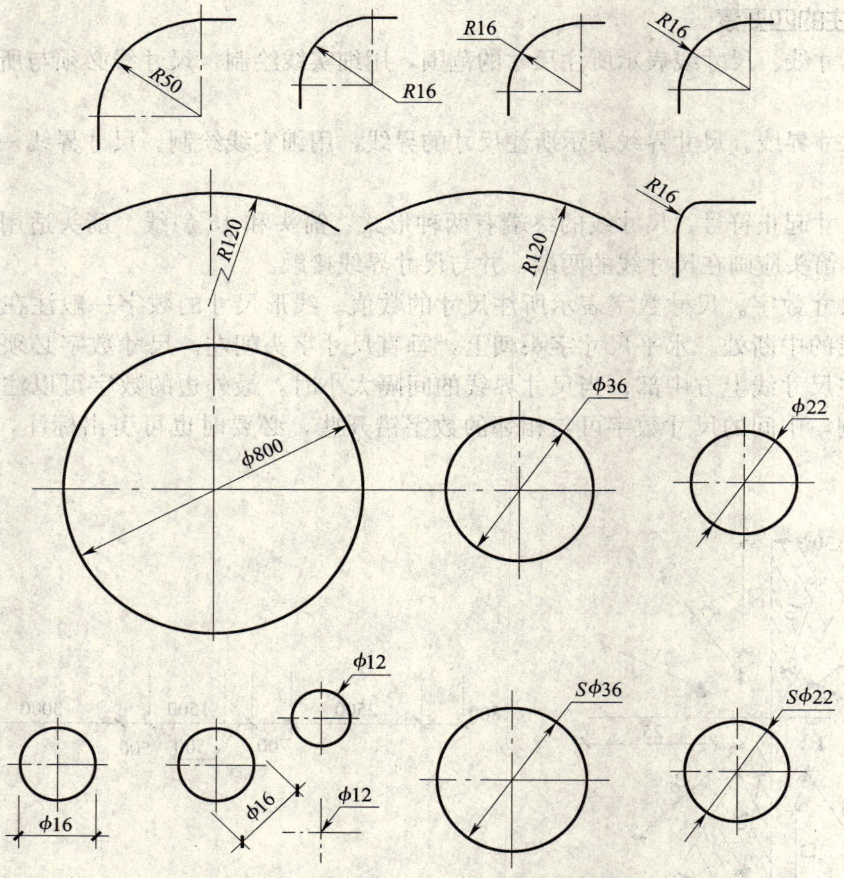

图 2—9　半径、直径和球的尺寸标注

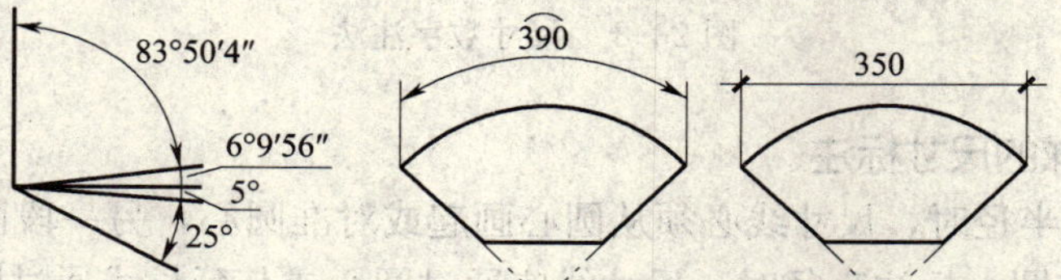

图 2—10　角度、弧长、弦长的尺寸标注

2.2　正投影法基础

2.2.1　投影基本概念

物体在光线的照射下，会在地面或墙面上产生影子，这个影子称为该物体的投影。采用这种物体与影子之间的关系所形成的绘制工程图样的方法称为投影法。根据投影法所得

到的图形称为投影或投影图。图 2—11 所示为苹果的投影，其中，手电筒光源称为投射中心，投影苹果所在的面称为投影面，光线称为投射线，苹果的影子称为投影。

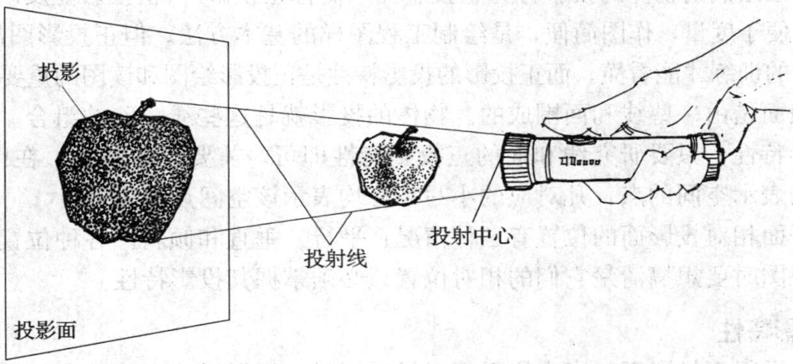

图 2—11　苹果的投影

根据投射线之间的相互关系，可分为中心投影法和平行投影法。

1. 中心投影法

所有投射线发自一个中心（投射线交汇于一点），产生投影的方法称为中心投影，如图 2—12a 所示。

2. 平行投影法

所有投射线相互平行，产生投影的方法称为平行投影法。平行投影法根据投射线与投影面所成的角度不同，又可分为正投影法和斜投影法。

（1）正投影法。投射线与投影面垂直产生投影的方法称为正投影法，如图 2—12b 所示。

（2）斜投影法。投射线与投影面倾斜产生投影的方法称为斜投影法，如图 2—12c 所示。

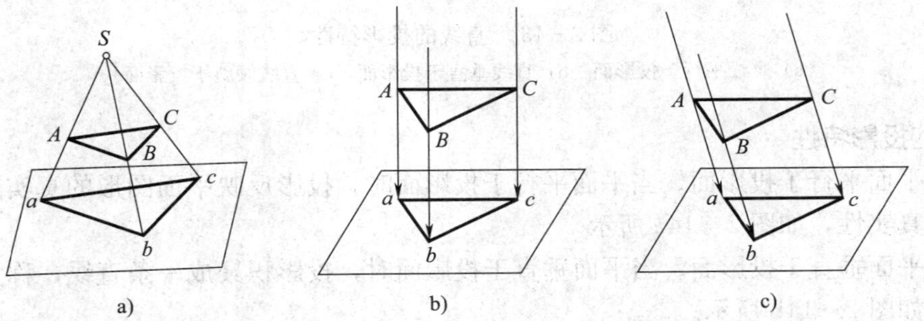

图 2—12　投影的分类

a）中心投影法　b）正投影法　c）斜投影法

2.2.2 正投影的投影特性

用正投影法绘制的物体的投影称为正投影图（简称正投影）。正投影能反映物体的真实形状和大小，便于度量，作图简便，是绘制工程图样的基本方法。但正投影图缺乏立体感，需要经过一定的训练才能看懂。而正投影的投影特性是正投影绘图和读图的重要依据。

物体的表面是由一些线和面围成的。物体的投影就是这些线、面的组合。所以，研究物体的正投影特性，只要研究线和面的正投影特性即可。需要说明的是，在以后的图中，凡大写字母均表示空间的点，凡对应的小写字母均表示该空间点的投影。

直线和平面相对投影面的位置有三种情况：平行、垂直和倾斜。各种位置的投影特性各不相同，识图时要想搞清楚它们的相对位置，必须掌握其投影特性。

1. 直线的投影特性

（1）直线平行于投影面。当直线平行于投影面时，投影反映直线的实长，称为投影的真实性。如图 2—13a 中，投影 ab 等于实长 AB。

（2）直线垂直于投影面。当直线垂直于投影面时，投影积聚成一点，称为投影的积聚性。如图 2—13b 中，CD 积聚成一点 $c(d)$。

（3）直线倾斜于投影面。当直线倾斜于投影面时，投影仍然是直线，但小于实长，称为投影的类似性。如图 2—13c 中，投影 ef 小于实长 EF。

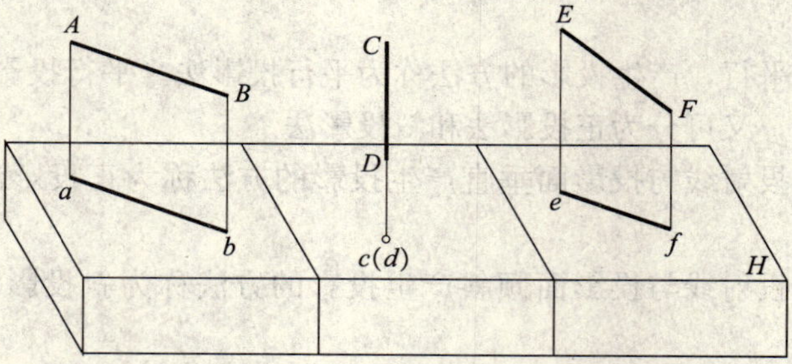

图 2—13　直线的投影特性

a）直线平行于投影面　b）直线垂直于投影面　c）直线倾斜于投影面

2. 平面的投影特性

（1）平面平行于投影面。当平面平行于投影面时，投影反映平面图形的真实形状，称为投影的真实性，如图 2—14a 所示。

（2）平面垂直于投影面。当平面垂直于投影面时，投影积聚成一条直线，称为投影的积聚性，如图 2—14b 所示。

（3）平面倾斜于投影面。当平面倾斜于投影面时，投影为小于实形的类似形，称为投影的类似性，如图 2—14c 所示。

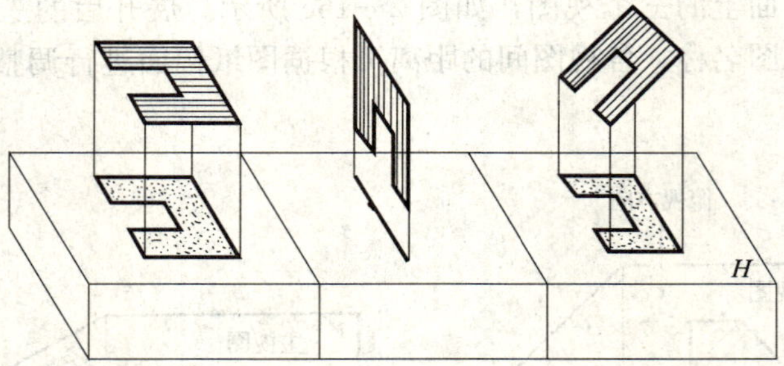

图 2—14　平面的投影特性

a）平面平行于投影面　b）平面垂直于投影面　c）平面倾斜于投影面

2.3　三视图的形成及其特性

在工程制图中，一般将互相平行的投射线看作观察者的视线，用正投影法所绘制的物体图形称为视图。

2.3.1　三视图的形成

由于物体在一个投影面上只能得到一个方向的视图，而物体的一个视图是无法全面、准确地表达其形状和大小的。如图 2—15 所示为几个不同形状的物体，在同一投影面上所得到的视图是相同的。因此，必须增加投影面，从物体的几个方向进行投影，通常把物体放在三个互相垂直的平面所组成的投影面体系（三面投影体系）中，将物体向三个不同投影面投影时，可得到它的三个投影视图。

在三面投影体系中，根据观察者与投影面由前向后、由上向下、由左向右的关系，三个投影面分别称为正投影面（简称正面，用 V 表示）、水平投影面（简称水平面，用 H 表示）、侧投影面（简称侧面，用 W 表示），物体在这三个投影面上所得到的视图分别称为物体的主视图、俯视图和左视图，如图 2—16a 所示。

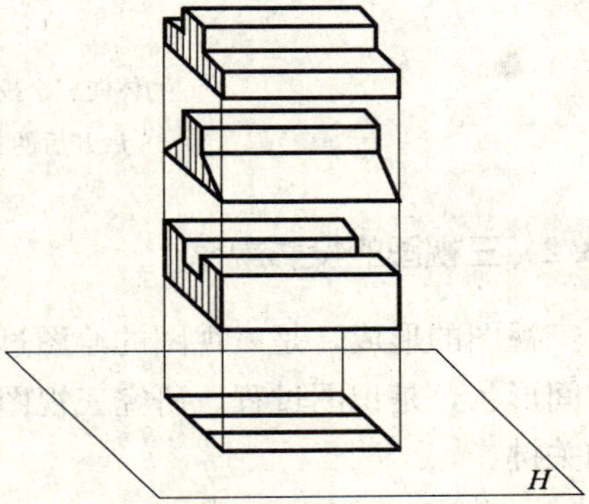

图 2—15　几个不同形状的物体在同一投影面上的投影

主视图是指由前向后投射，在 V 面上得到的视图；俯视图是指由上向下投射，在 H 面上得到的视图；左视图是指由左向右投射，在 W 面上得到的视图。

为了将三个视图画在同一张图纸上，国家标准规定：正面 V 保持不动，水平投影面 H 向下旋转 90°，侧投影面 W 向右旋转 90°，使 V 面、H 面、W 面摊平在同一平面上，如图 2—16b 所示。由此得到同一平面上的三个视图，如图 2—16c 所示。展开后的三个视图间不画投影面的边框线，不注视图名称，各视图间的距离可根据图纸幅面进行调整，简称三视图，如图 2—16d 所示。

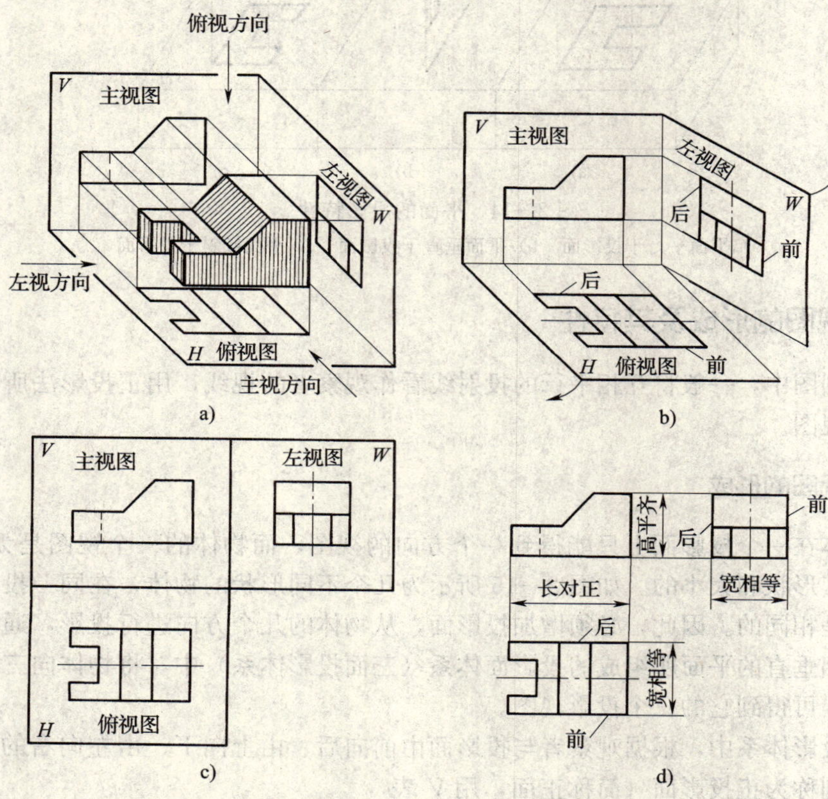

图 2—16　三视图的形成

a）物体向三个投影面投影　b）投影面的展开方法

c）展开后的三视图　d）三视图的投影规律

2.3.2　三视图的投影规律

三视图的形成，是三视图的绘图过程；而有了三视图，如何读懂它，从而想象出物体的空间形状，是识图过程。研究三视图的形成过程，掌握三视图的投影规律，是绘图和识图的关键。

1. 三视图的相对位置关系

从图 2—16c（展开后的三视图）中可以看出，以主视图为准，俯视图在主视图的正下方，左视图在主视图的正右方。

2. 三视图与物体空间方位关系

三视图与物体空间方位关系即图—物关系。将图中的三视图与物体对照，可以看出：主视图反映物体上下、左右位置，即物体的高和长；俯视图反映物体左右、前后位置，即物体的长和宽；左视图反映物体上下、前后位置，即物体的高和宽。

3. 三视图之间的三等关系

三视图之间的三等关系即图—图关系。从三视图的形成及图—物关系可以看出，物体各相应部分的三视图有以下关系：主视图与俯视图之间保持长度相等；主视图与左视图之间保持高度相等；俯视图与左视图之间保持宽度相等。

这三个相等关系就是三视图的投影规律，可以归纳为“长对正、高平齐、宽相等”。

三视图之间的三等关系，是绘图和识图的最基本的规律。要强调的是：“长对正、高平齐、宽相等”的规律，不仅适用于整个物体，也适用于物体的每一条线、每一个面和每一局部投影。

按照国家标准规定，在三视图中，用粗实线画出物体的可见轮廓，用虚线画出物体的不可见轮廓，孔的中心线和轴线用点画线表示，如图 2—17 所示。

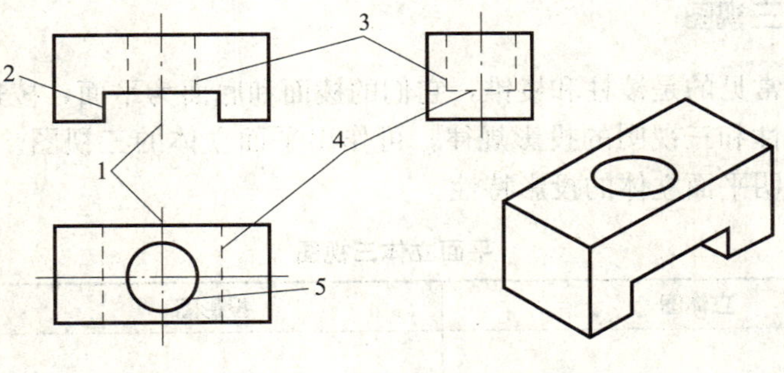

图 2—17　三视图中线条的应用

1—点画线：表示孔的中心线和轴线　2—粗实线：可见轮廓线

3—虚线：孔的不可见轮廓线　4—虚线：槽的不可见轮廓线

5—粗实线：可见轮廓线

2.4 基本几何体的三视图

物体形状各不相同，但都可以看作是由一些基本形体组合而成。如图 2—18 所示，物体可以看作是由三棱柱、四棱柱、圆柱等一些基本形体经过叠加和截切而成。

基本几何体，根据其表面的几何性质可分为平面立体和曲面立体。全部表面都由平面围成的立体称为平面立体，常见的有棱柱和棱锥；由曲面或曲面与平面围成的立体称为曲面立体，常见的有圆柱、圆锥和圆球。为了提高绘图和识图的能力，必须熟悉他们的几何性质和投影特点。

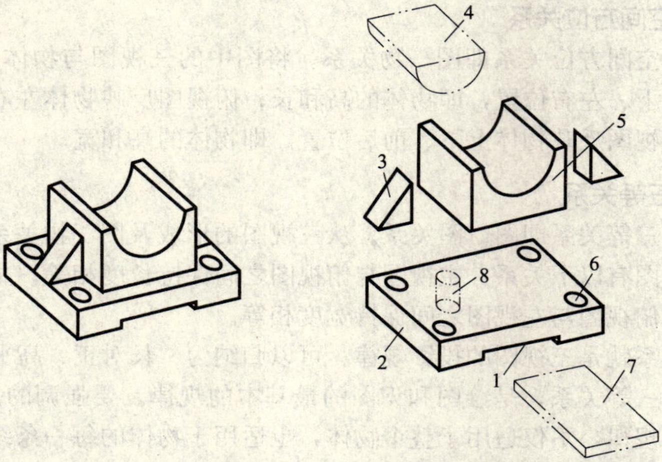

图 2—18　物体由基本形体组合而成

1—四棱柱槽　2、7—四棱柱　3—三棱柱　4—半圆柱

5—开槽四棱柱　6—圆孔　8—圆柱

2.4.1　平面立体三视图

平面立体中最常见的是棱柱和棱锥，它们的棱面和底面为平面，棱边为直线。利用直线和平面的投影特性和三视图的投影规律，可作出平面立体的三视图。表 2—4 以六棱柱和四棱锥为例，说明平面立体的投影特性。

表 2—4　平面立体三视图

	立体图	投影图	投影特性
正六棱柱	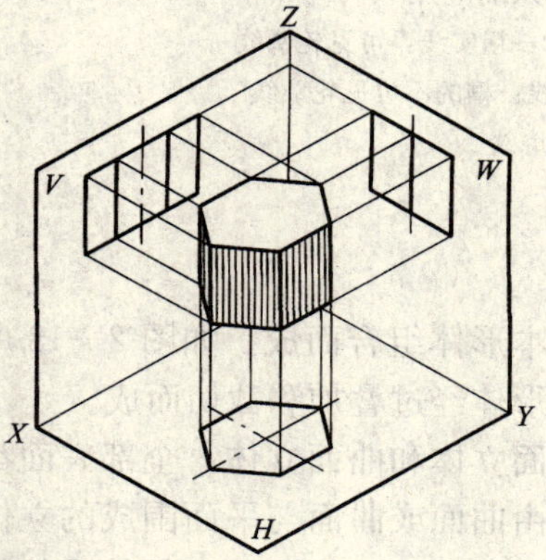	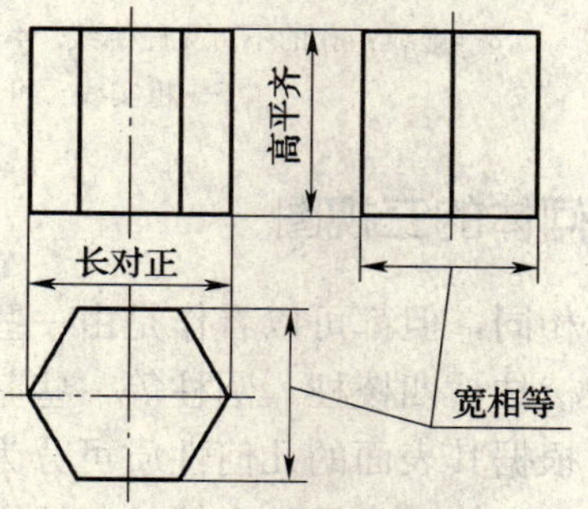	俯视图为正六边形，是上下底面的投影；其余两个视图中，顶面和底面分别积聚为直线，各棱面的投影均为矩形

续表

	立体图	投影图	投影特性
四棱锥	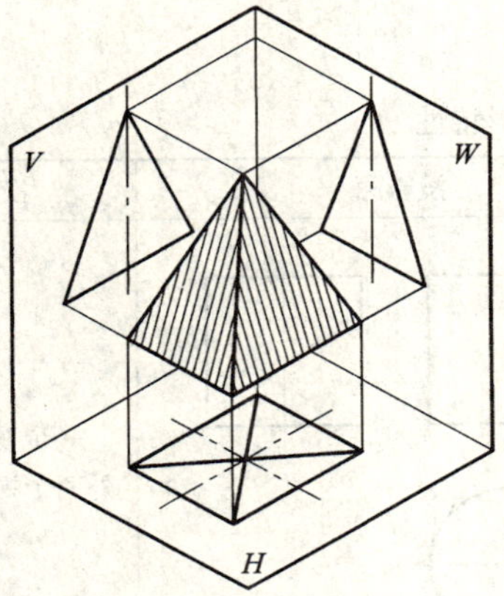	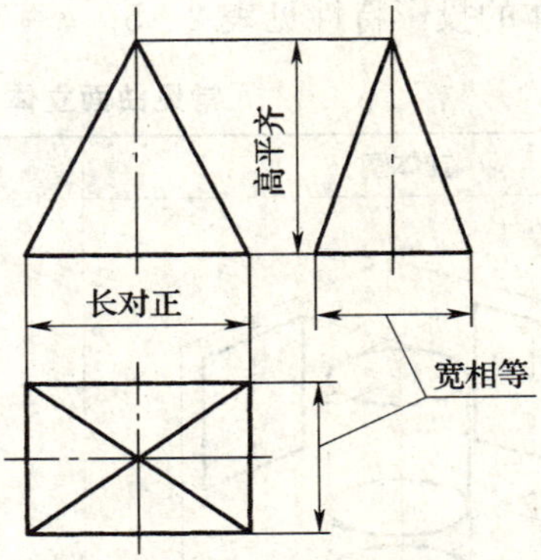	俯视图为四边形，是底面的投影；其余两个视图中，锥面的交线（棱线）交于一点（顶点），与俯视图中棱线相对应

2.4.2 曲面立体三视图

曲面立体中最常见的是回转体，如圆柱、圆锥、圆台、圆环和球等。

以圆柱为例来分析曲面立体的投影特性和形体特征。图 2—19 所示为一水平放置的圆柱体，由一个圆柱面和两个端面围成。

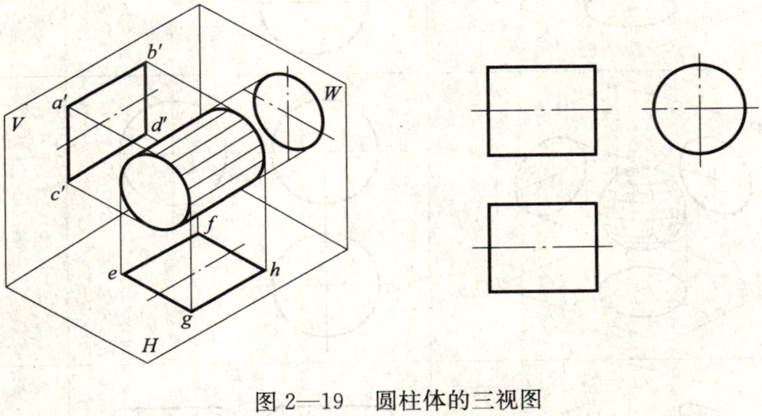

图 2—19　圆柱体的三视图

投影图中，主视图和俯视图是大小相同的两个矩形，主视图的矩形 $a'b'c'd'$ 代表前半个圆柱面的投影，后半个圆柱面在主视图中不可见，其投影与前半个圆柱面重合。俯视图的矩形 $efhg$ 代表可见的上半个圆柱面和不可见的下半个圆柱面的投影。左视图为圆，使圆柱体两端面的投影为实形。

在曲面立体中有一类直线（曲线），它们决定了曲面的投影范围，称为外轮廓线。图

2—19 主视图中的 $a'b'$ 和 $c'd'$，俯视图中的 ef 和 gh 都是外轮廓线。

在表示曲面立体时，凡是圆的投影均用两条点画线的交点表示圆心的位置，凡是回转轴线的位置均用点画线表示。

常见曲面立体的投影特性见表 2—5。

表 2—5　　常见曲面立体的投影特性

	立体图	投影图	投影特性
圆柱	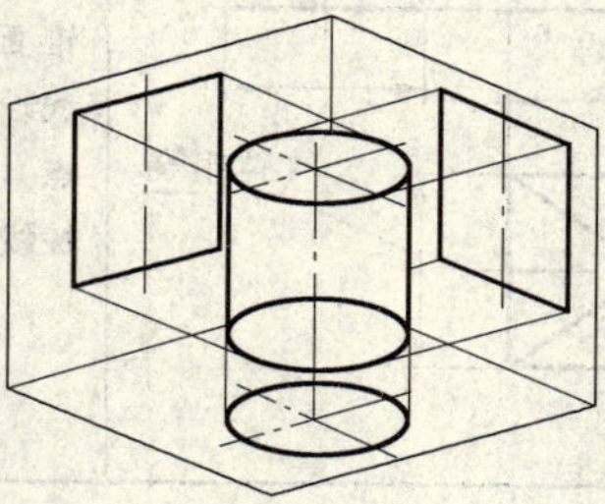	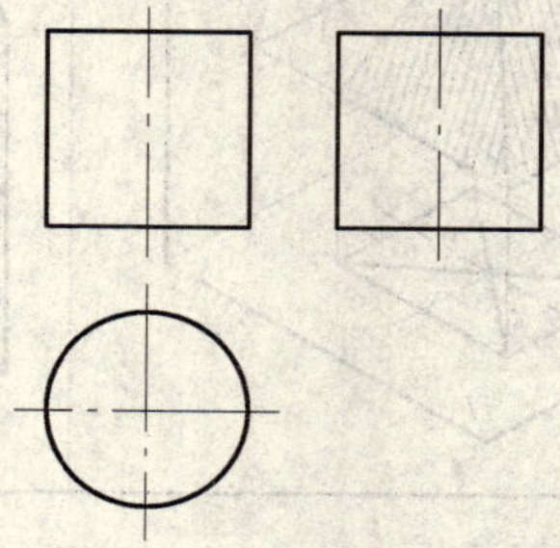	一个视图为圆，另外两个视图为矩形
圆锥	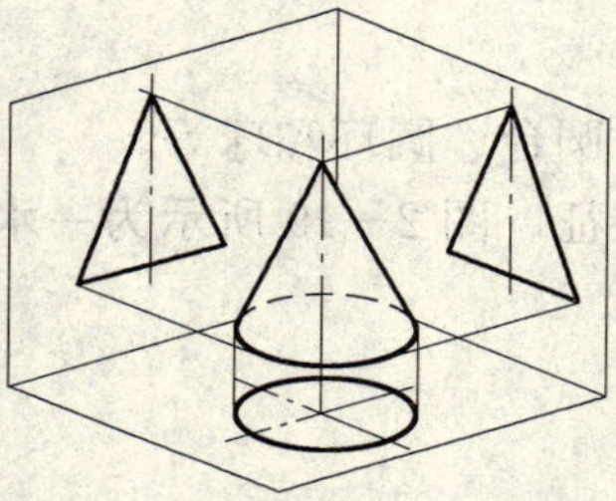	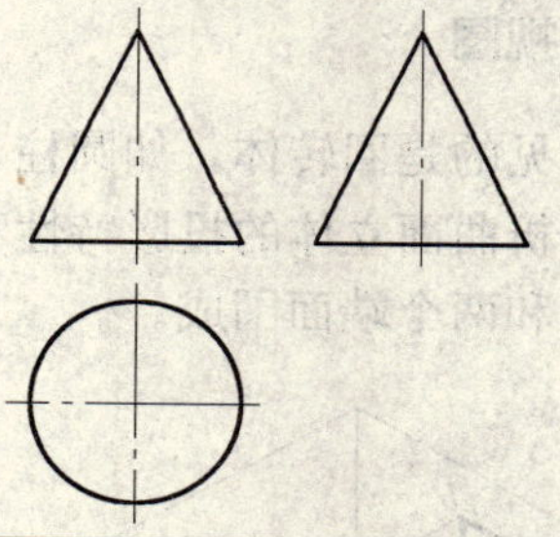	一个视图为圆，另外两个视图为三角形
圆球	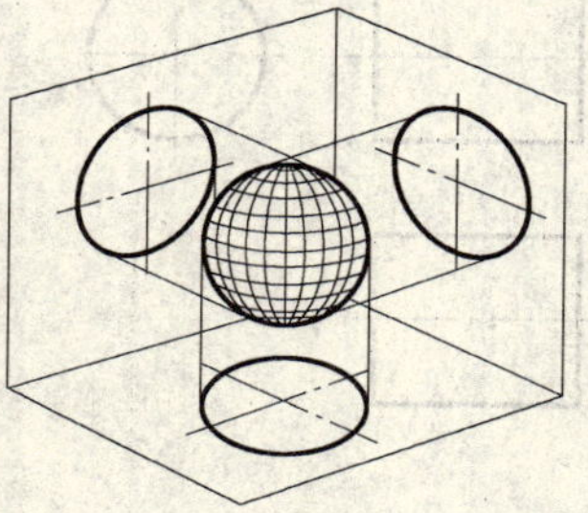	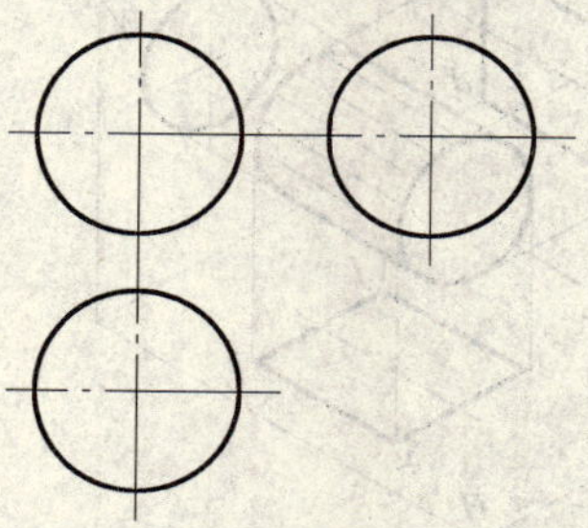	三个视图均为直径相等的圆
圆环	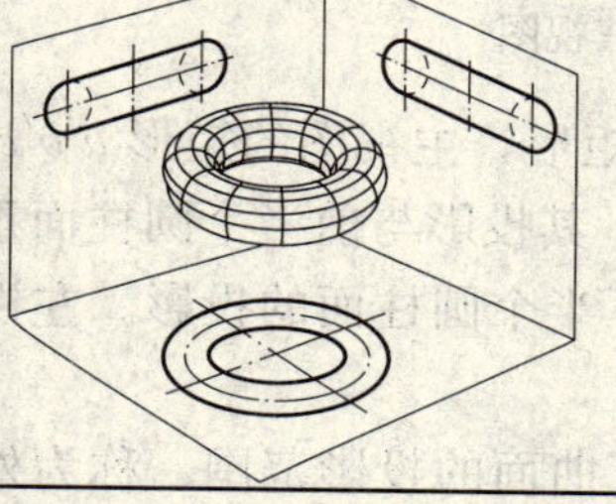	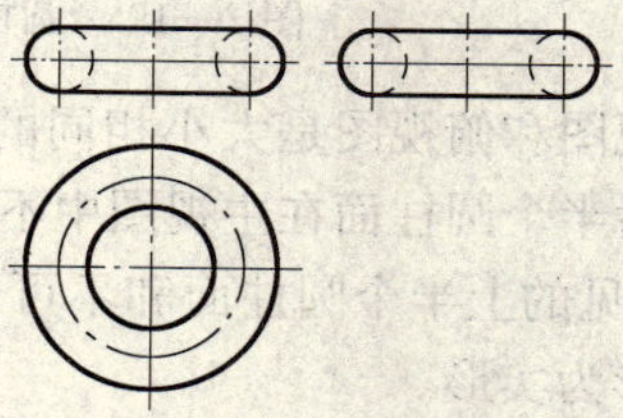	一个视图为两个同心圆，另外两个视图为两端圆弧的长方形

2.5 组合体视图及识图方法

2.5.1 组合体的形成方式和形体分析

由基本体组合而成的物体称为组合体。组合体可以看成是由一些基本几何体通过叠加或截切而成。

图 2—20a 所示的组合体，可看成是由一个长方体切去左上方一个较小的长方体形成，如图 2—20b 所示；或者看成由一块水平的底板和一块长方体竖板叠加而成。底板又可以看成是由长方体和半圆主体组合后再挖去一个竖直的圆柱体而形成的，如图 2—20c 所示。

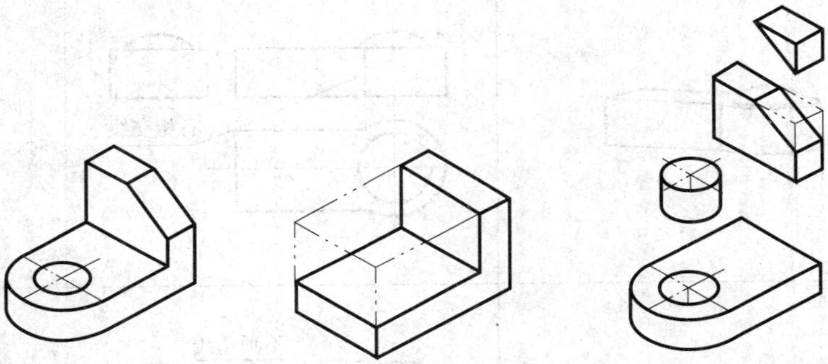

a)　　b)　　c)

图 2—20　组合体的形成方式

a）组合体　b）可看成截切而成或叠加而成

c）底板可看成先叠加后再截切而成

2.5.2 组合体中相邻形体间的表面过渡关系及投影特性

通过叠加或截切形成的组合体，在相邻形体表面将产生过渡关系，一般有四种情况：平齐、不平齐、相交和相切。其投影特性见表 2—6。

表 2—6　组合体中相邻形体间的表面过渡关系及投影特性

	立体图	投影图	投影特性
平齐	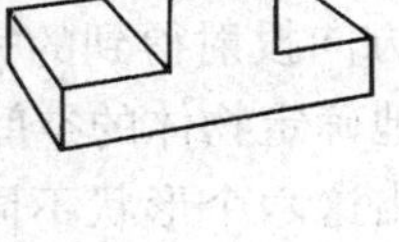		两相邻形体表面平齐时，两形体表面共面，在相接处没有分界线

续表

	立体图	投影图	投影特性
不平齐	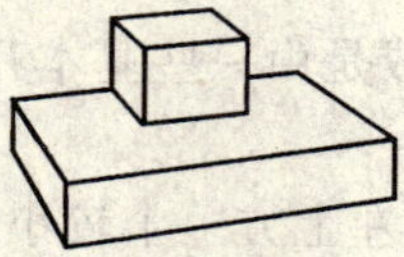	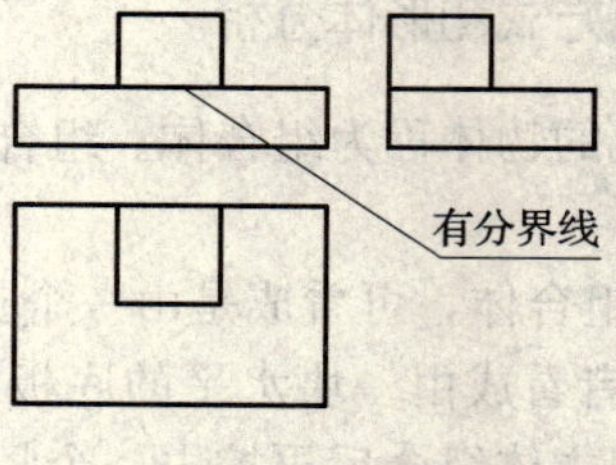	两相邻形体表面不平齐时，两形体表面不共面，在相接处要画出分界线
相交		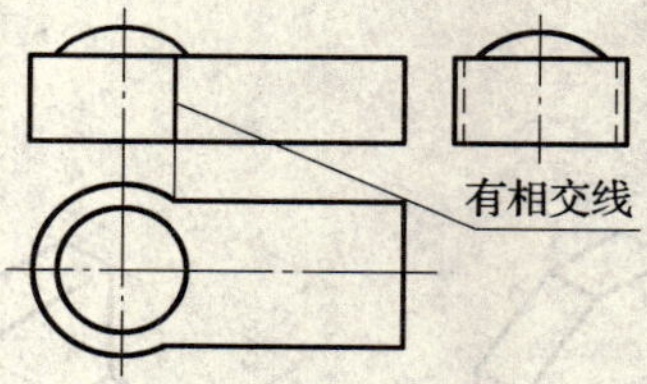	两相邻形体表面相交时，相交处有分界线
相切		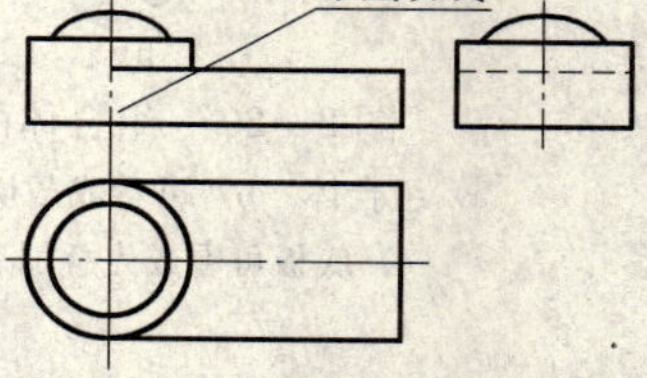	两相邻形体表面相切时，相切处没有分界线

2.5.3 组合体的识读

识读一张组合体的三视图，如何看懂它的空间形状，是一个由平面到空间的问题，需要运用前面所述的基本知识。

1. 几个视图要联系起来看

视图是采用正投影原理得来的，每一个视图只能表达物体一个方向的形状，不能反映物体的全貌，识图时需要几个视图联系起来看。

图 2—21 所示为六个物体的立体图和该六个物体从 *S* 方向投射得到的完全相同的视图（图中左上方视图）。可见，只凭物体的一个视图不能唯一地确定物体的空间形状。

图 2—22 所示为六个物体的立体图和三视图，可以看出这六个形状不同的物体的俯视图和左视图相同，这说明有时物体的两个视图也不能确定物体的空间形状。

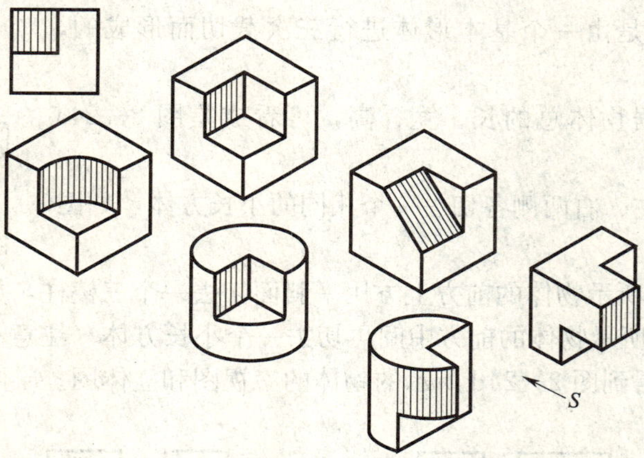

图 2—21　一个视图只能表达物体一个方向的形状

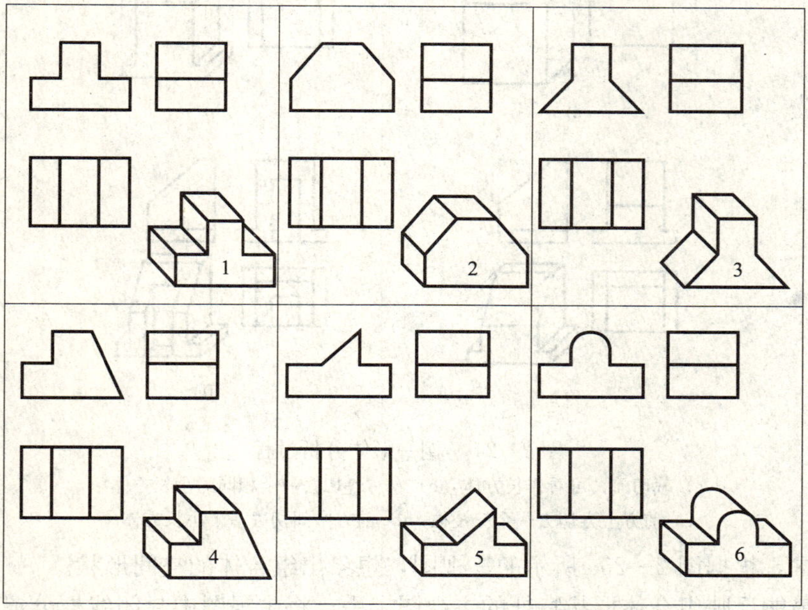

图 2—22　不同形状的物体可能有两个相同的视图

2. 形体分析法识图

形体分析法是通过分析组合体是由哪些基本形体组合而成，根据每个组成部分的投影，想象出它们的空间形状，再根据各组成部分的组合方式和相对位置，想象出整个形体的空间形状。下面以实例说明形体分析及识图过程。

（1）例一：对物体进行形体分析，如图 2—23 所示。

图示物体可看作是由一个基本形体进行三次截切而形成的，形成过程如下：

1）截切前，根据物体总的长、宽、高，可看成是图 2—24a 所示的长方体。

2）在长方体的左、右两侧各切去一个相同的小长方体，如图 2—24b 所示。

图 2—23　例一物体

3）在图 2—24b 所示物体的前方上方用一斜面切去一个三棱柱，如图 2—24c 所示。

4）在图 2—24c 所示物体的前方中间再切去一个小长方体（注意小长方体与斜面之间产生的截交线），即得到图 2—24d 所示的物体的三视图和立体图。

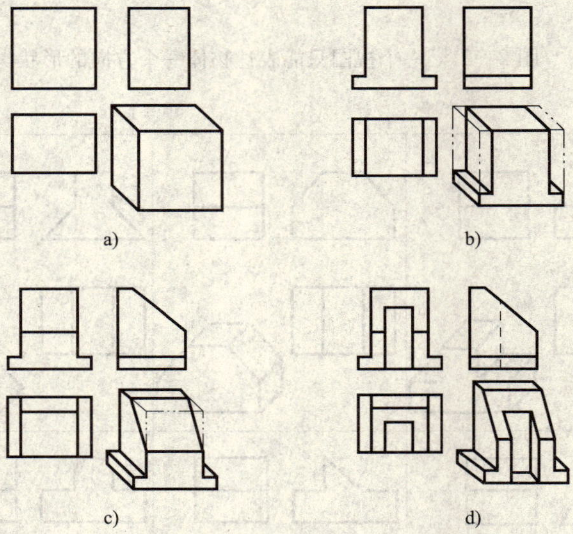

图 2—24　例一形体分析过程

a）截切前，可看作长方体　b）左右各切去一个相同的小长方体

c）前方上方切去一个三棱柱　d）前方中间切去一个小长方体

（2）例二：根据图 2—25a 所示的三视图，想象出组合体的空间形状。

首先从最能反映组合体形状特征的主视图入手，将主视图中封闭线框分成三个独立部分，如图 2—25b 中的 1、2、3 所示。

物体每一部分的形状和位置特征不可能全部集中在一个主视图中表达出来，所以要根据投影关系，联系其他视图一起进行分析。从图 2—25b 形体 1 的主视图入手，根据“长对正、高平齐、宽相等”的三等关系，找到形体 1 在俯视图和左视图的相应投影，即 2—25c 图中粗实线所表示的三视图，可确定形体 1 为一长方体。用同样的方法可以判定形体 2、形体 3 的空间形状，如图 2—25d、图 2—25e 所示。

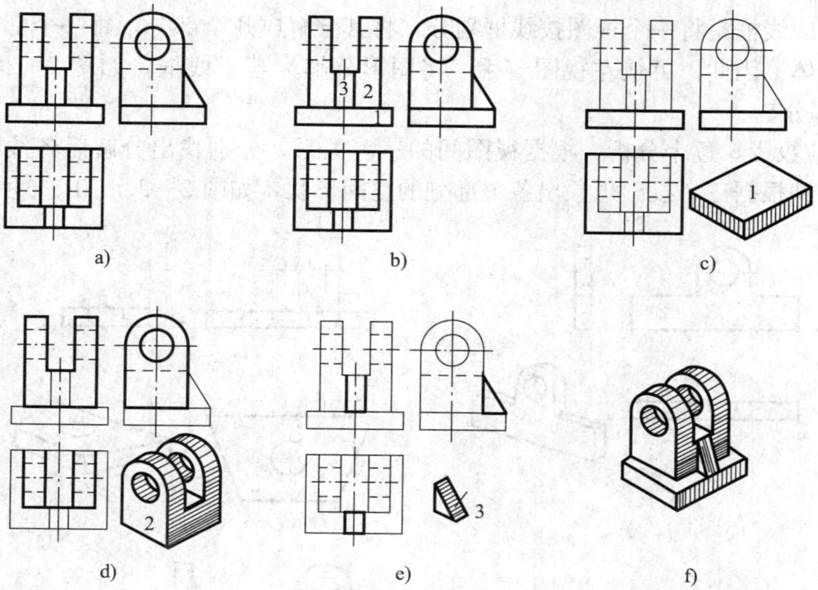

图 2—25　例二形体分析过程

a）已知三视图　b）将封闭线框分成三个独立部分 1、2、3　c）形体 1 相应的投影

d）形体 2 相应的投影　e）形体 3 相应的投影　f）组合体的空间形状

想象出了物体的各部分形状后。还要根据各部分之间的相对位置和组成方式（截切或叠加），才能确定整体的形状。在主视图上可以看出形体 2 和形体 3 都位于形体 1 的上方中间；在左视图或俯视图上可以看出形体 2 与形体 1 的后端面共面，形体 3 在形体 2 的前面。由此就可以得到如图 2—25f 所示的物体。

（3）例三：对图 2—26 所示的物体进行形体分析，说明识读组合体的方法和步骤。

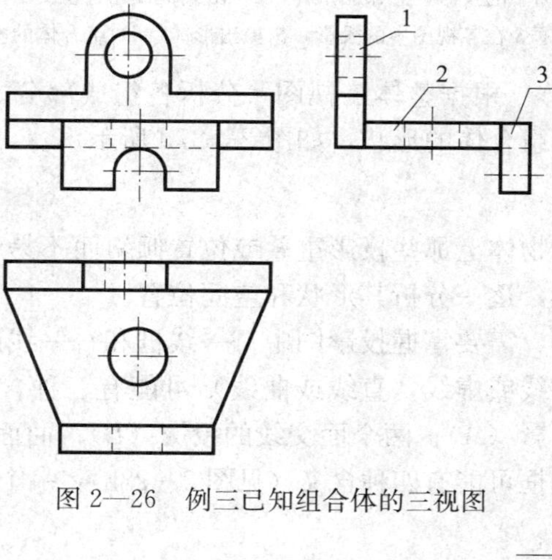

图 2—26　例三已知组合体的三视图

1）取线框，分解视图。每一个简单形体的投影轮廓，除相切的关系外，都是一个封闭的线框。取线框是将一个视图按线框划分，将其分解成几个部分，每一个部分对应于一个简单的形体。因此，可从左视图着手，将图形分解为若干线框，如图 2—26 中分成 1、2、3 三个部分。

2）对应投影，逐个分析。根据视图间的三等关系，分别找出分解后各线框在各视图中的投影。并根据三个投影想象出各个部分的空间形状，如图 2—27a、b、c 所示。

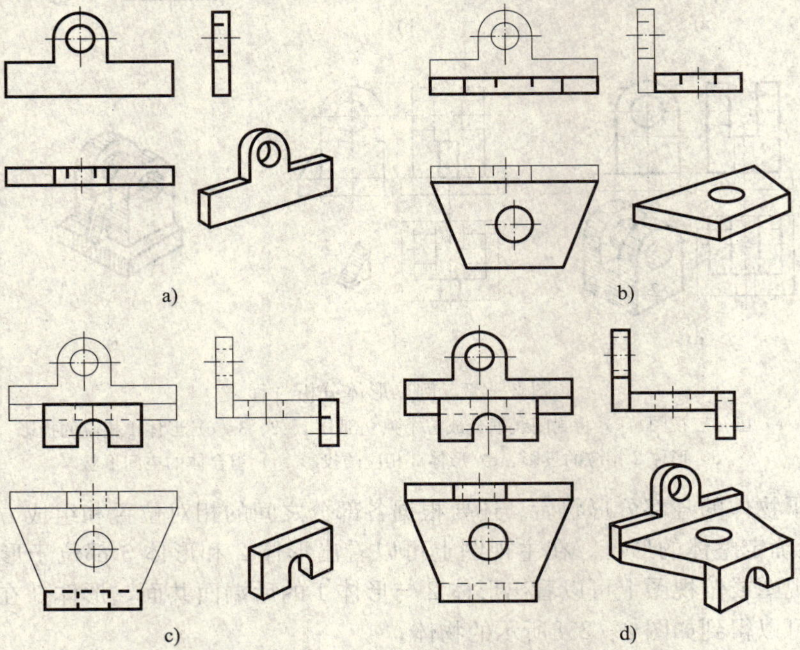

图 2—27　形体分析法识图

a）由线框 1 在各视图中的投影，想象出形体　b）由线框 2 在各视图中的投影，想象出形体　c）由线框 3 在各视图中的投影，想象出形体　d）组合体的整体形状

3）综合起来想象整体。根据整体三视图，分析各组成部分之间的相对位置、表面过渡关系，综合想象出整个组合体的形状，如图 2—27d 所示。

3. 线面分析法

线面分析指的是对于物体上那些投影重叠或位置倾斜而不易看懂的局部形状，可以利用直线和平面的投影特性，逐一分析其形状和空间位置。

运用线面分析法识图，需要掌握投影图中每一线框和每一线段所代表的空间意义。

视图中的一条线（实线或虚线，直线或曲线）可能有三种含义（见图 2—28a）：具有积聚性的平面和曲面的投影（A）；两个面交线的投影（B）；曲面的转向轮廓线（C）。

视图中的一个封闭线框可能有四种含义（见图 2—28b）：一个平面的投影（D）；一个曲

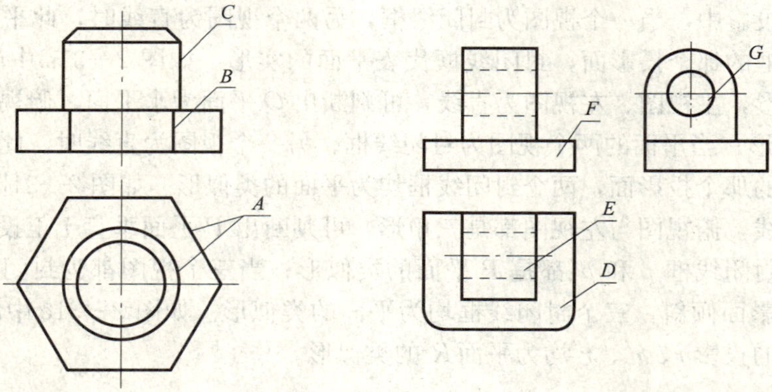

a)　　　　　　　　b)

图 2—28　线条和线框的含义

a）线条的含义　b）线框的含义

面的投影（E）；平面与曲面相切的组合面的投影（F）；一个空腔的投影（G）。

投影图上的一条线可能是一个平面的投影，也可能是两个平面的交线或曲面的轮廓线。在图 2—29 所示的主视图中，a' 直线为四棱锥台顶面 A 的投影；俯视图中的 b 直线为四棱锥台的两个棱锥面的交线 B 的投影。

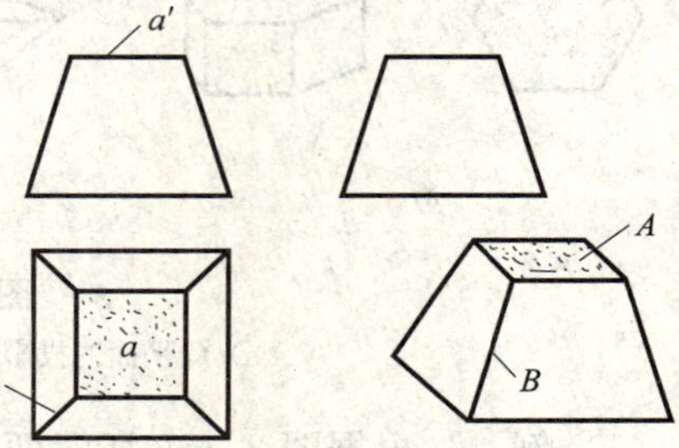

图 2—29　一条线是一个平面或一条交线的投影

一般情况下，投影图上每一封闭线框代表一个面的投影，也可能是一个孔的投影。在图 2—30a 所示的主视图中，封闭线框 a' 代表物体的最前面 A，俯视图中的封闭线框 b 则为物体中 B 孔的投影。

投影图中相邻两个封闭线框一般表示两个面，这两个面必定有上下、左右之分，同一面内无分界线。在图 2—30b 所示的主视图中有两个封闭线框，代表了物体的两个平面。从左视图可以区别这两平面的前后位置，即 A 平面在前，B 平面在后。

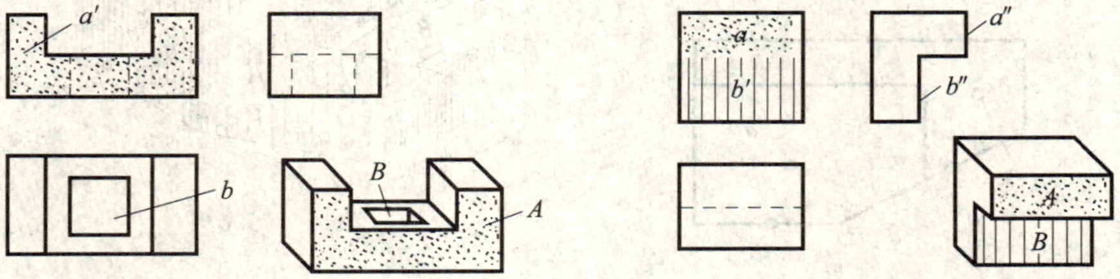

a)　　　　　　　　b)

图 2—30　封闭线框的含义

a）封闭线框 a' 代表 A 平面，封闭线框 b 为 B 孔的投影

b）主视图中封闭线框 a、b' 表示 A、B 两个平面，A 平面在前，B 平面在后

在平面的投影中，当一个视图为封闭线框，另两个视图为直线时，此平面一定平行于视图为封闭线框的那个投影面，封闭线框代表平面的实形。如图 2—31a 中的 Q 平面，俯视图为一六边形，主视图、左视图为直线，可判断出 Q 平面为水平面，俯视图中的六边形为 Q 平面的实形；当平面的两个视图为封闭线框、另一个视图为直线时，此平面一定垂直于视图为直线的那个投影面，两个封闭线框均为平面的类似形。如图 2—31b 中的 P 平面，主视图为一直线，俯视图与左视图都是三角形，可判断出 P 平面垂直于正投影面，俯视图及左视图中的封闭线框 p 和 p''都是 P 平面的类似形；当三个视图都为封闭线框时，平面一定与三个投影面倾斜，三个封闭线框均为平面的类似形。如图 2—31c 中的 R 平面，它在三个视图上的投影 r、r'、r''均为平面 R 的类似形。

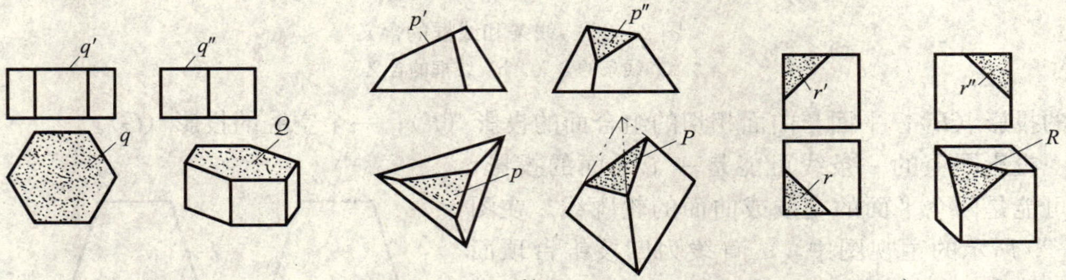

图 2—31　平面的投影

a）Q 平面的投影　b）P 平面的投影　c）R 平面的投影

（1）例一：根据图 2—32 所示两面投影图，想象物体的空间形状。

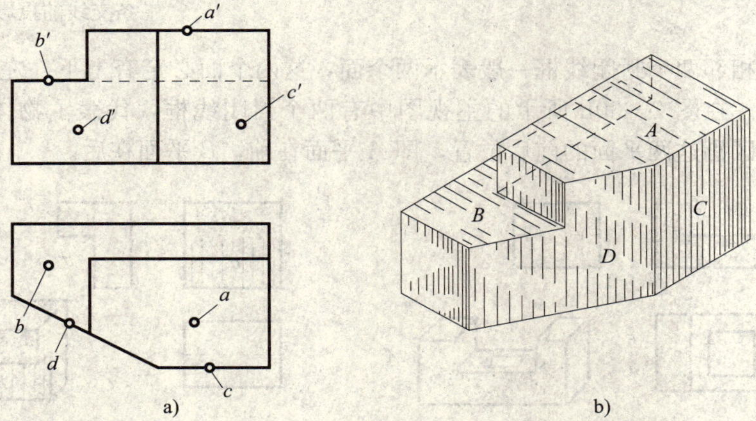

图 2—32　分析两面投影图中的可见线框

a）投影图　b）轴侧图

根据所给投影图 2—32a，首先分析图中的可见线框。水平投影中有两个可见线框 a、b，它们在正面投影中的对应投影分别积聚为两水平线 a'、b'（无类似形必积聚），它们是水平面 A、B。同理，正面投影中的两个可见线框 c'、d'在水平投影中的对应积聚性投影分别为一水平线 c 与一斜线 d，它们是正平面 C 与铅垂面 D。上述 A、B、C、D 各面的空间形状，如图 2—32b 所示。

再分析投影图中的不可见线框，如图 2—33a 所示。水平投影外围轮廓所示不可见线框 e 在正面投影中无类似形，对应投影积聚为水平线 e'，故 E 为一水平底面。正面投影外围轮廓被一虚线分为 f'和 g'两个不可见矩形线框，它们在图中的对应投影分别积聚为两水平线 f 与 g，故为两正平面。由此可以想象出它们的空间形状，如图 2—32b 中 A、F、G 三平面，把它们和 A、B、C、D 面合起来，加上自左至右三个侧平面，就构成该物体的空间形状，如图 2—33b 所示。

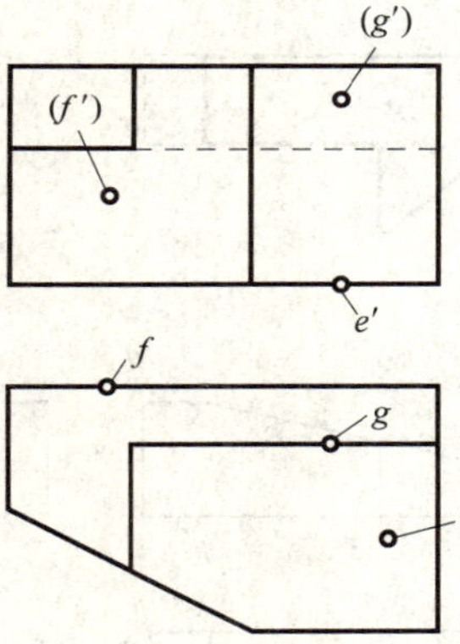

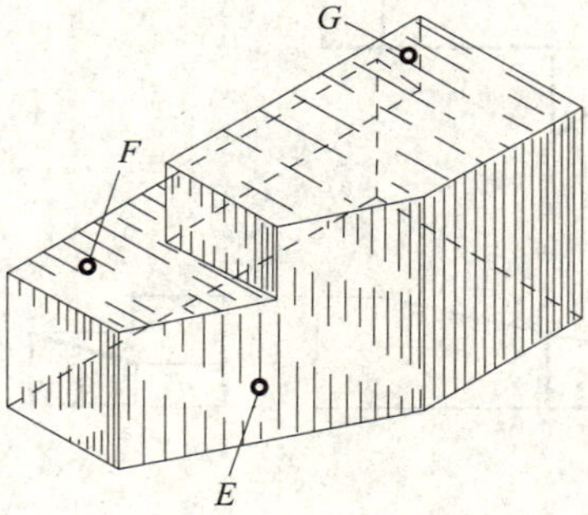

图 2—33　分析两面投影图中的不可见线框

a）投影图　b）轴侧图

对于有初步读图能力的人，也可以先根据已知视图直接想象出物体的一个初步形状，然后与投影图对照，可能局部与图不符。对不符合的部分作线面分析，按分析所得结果对所想象物体形状再进行构思，最后与视图对照检查，直至完全一致为止。

（2）例二：根据图 2—34a 所示的三视图，想象出该组合体的形状。

由图 2—34a 所给的三视图，可知该组合体是由一个长方体截切而成，属于截切式组合体。读图步骤如下：

1）根据各视图的形状特点，确定组合体截切前的基本形状。根据物体被截切后仍保持原物体投影特征的规律，由已知的三视图分析可知，该组合体可以看成是由一个长方体截切而成。从主视图看出长方体的左上方切去一个角，从俯视图看出左前方切去一个角，右前方切去一个长方体。

2）从投影关系，读懂视图内各线框所表示的形状。如图 2—34b 所示俯视图的线框 p 与主视图的斜线 p'对应（无类似性必积聚），而左视图上对应一类似形状 p''，可知是正垂

面 P；图 2—34c 所示主视图的线框 r 对应于左视图上的类似形状 r''，而对应于俯视图上的斜线 r'，可知是铅垂面 R；用同样的方法分析俯视图和左视图的线框，如图 2—34d 所示，可知平面 Q 为水平面；如图 2—34e 所示，平面 S 为侧平面。

如图 2—34c 所示，左视图中的斜线 $a''b''$ 与正面投影 $a'b'$ 和水平投影 ab 相对应，可知是空间直线 AB，它是正垂面 P 和铅垂面 Q 的交线。

主视图另一线框是一正平面，请自行分析。

3）综合起来想象。把几个面的形状和相对位置结合起来，加上两侧面和一个后面的正平面，可想象出整个组合体的空间形状，如图 2—34f 所示。

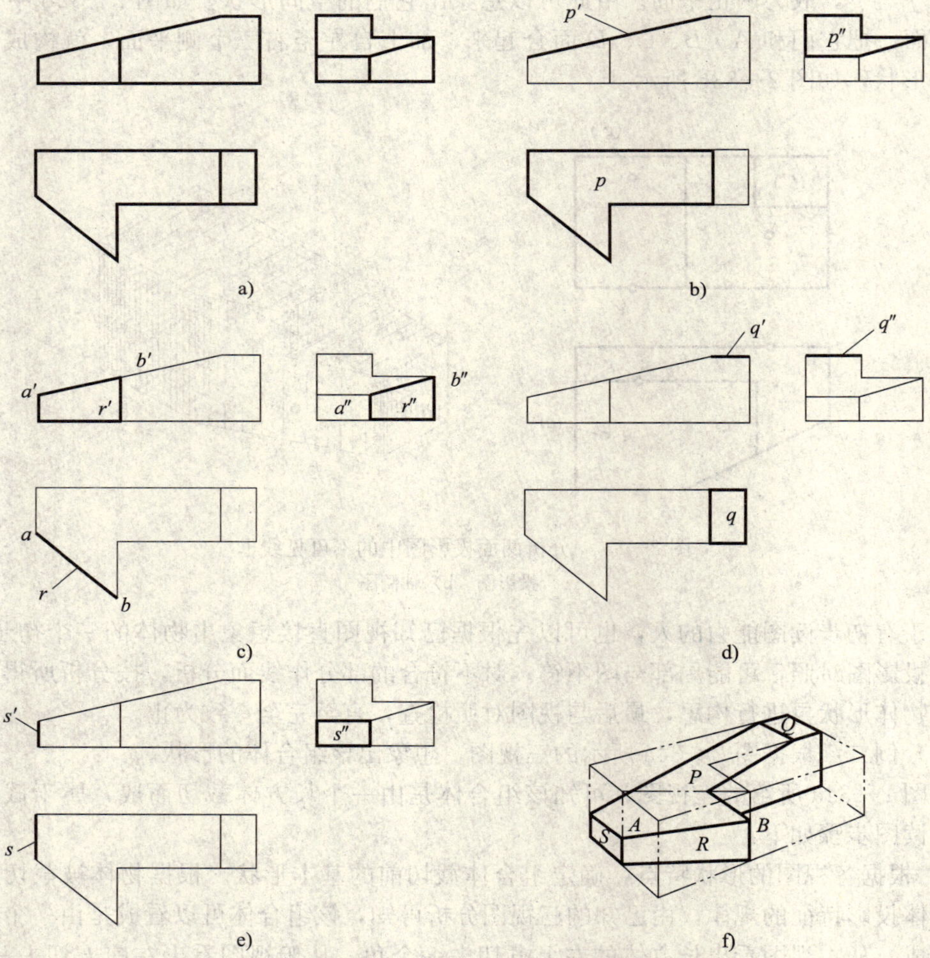

图 2—34　线面分析法识图

a）已知条件　b）分析正垂面 P 的投影　c）分析铅垂面 R 和斜线 AB 的投影
d）分析水平面 Q 的投影　e）分析侧平面 S 的投影　f）想象出截切体的整体形状

2.6 组合体的尺寸标注

组合体的形状由它的视图确定，而其大小和相对位置要通过标注尺寸来确定。任何形体都有长、宽、高三个方向的大小，在投影图上标尺寸时，要把反映三个方向的尺寸都标出来。组合体视图上标注尺寸的基本要求是：

遵守国标——标注尺寸符合国家标准的规定。

尺寸完整——所注尺寸不多不少。

布局清晰——尺寸布局整齐合理，便于读图。

2.6.1 基本形体的尺寸

基本形体尺寸是组合体尺寸的重要组成部分。基本形体的尺寸标注都已规范化，一般不要随意改动。在标注时，一般应注出长、宽、高三个方向的尺寸，以确定其形状的大小，但标注圆柱、圆锥等尺寸时，在其投影非圆柱的视图上注出直径方向“ϕ”后，即可减少一个方向的尺寸，也可省略一个视图。图 2—35 所示为一些常见基本形体的尺寸标注法。

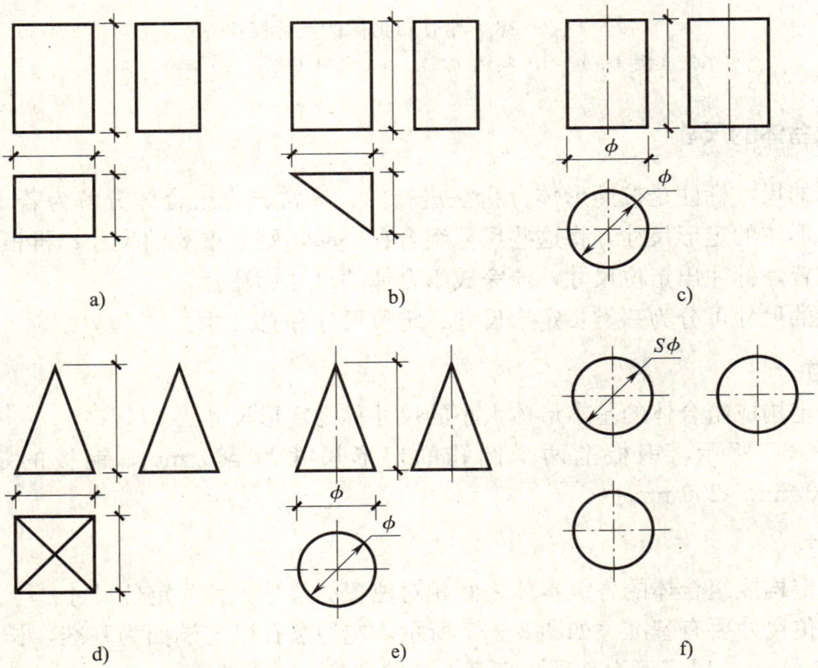

图 2—35 基本形体的尺寸标注

a）长方体 b）三棱柱 c）圆柱 d）四棱锥 e）圆锥 f）圆球

2.6.2 带切口形体的尺寸

若基本形体被截切，应首先标注出基本体的尺寸，然后再标注出截平面的位置尺寸，如图 2—36 所示。由于形体与截平面的相对位置确定后，切口的交线已完全确定，因此不应再标注切口交线的尺寸。

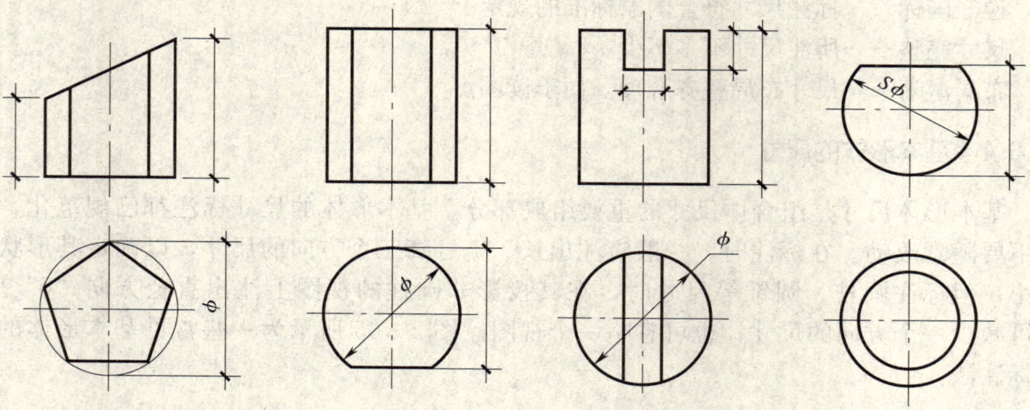

图 2—36　带切口形体的尺寸标注

a）实例（一）　b）实例（二）　c）实例（三）　d）实例（四）

2.6.3 组合体的尺寸

组合体的尺寸标注是按照形体分析法进行的，通常先将组合体分解为若干基本形体，标注出基本形体的定形尺寸，将这些尺寸组合在一起，删去重复的尺寸；再根据各形体之间的相对位置，标注出定位尺寸，便完成组合体的尺寸标注。

组合体的尺寸可分为三类：定形尺寸、定位尺寸和总尺寸。

1. 定形尺寸

用以确定构成组合体的基本形体大小的尺寸称为定形尺寸。

如图 2—37 所示，钢板上两个圆孔的定形尺寸为 ϕ60 mm，钢板的定形尺寸为 500 mm、30 mm、200 mm。

2. 定位尺寸

用以确定构成组合体的各级本体之间相对位置的尺寸，称为定位尺寸。

标注定位尺寸要有基准。如图 2—37 所示，左边圆孔以左端面为基准，长度方向的定位尺寸为 100 mm；以底面为基准，高度方向的定位尺寸为 80 mm。右边圆孔以左边圆孔垂直中心线为基准，长度方向的定位尺寸为 150 mm；以底面为基准，高度方向的定位尺寸为 80 mm。

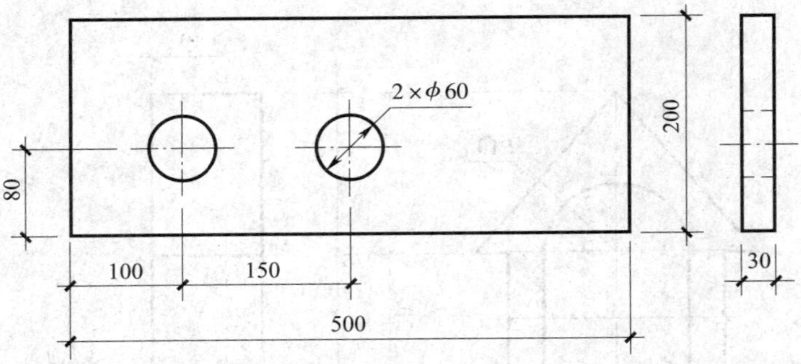

图 2—37　定形尺寸和定位尺寸

在此应注意，一般回转体的定位尺寸，应该标注到回转体的轴线上，不能标注到孔的边缘。

3. 总尺寸

用以确定组合体总长、总宽、总高的尺寸称为总体尺寸。

当基本形体的定形尺寸与组合体的总尺寸数字相同时，两者合二为一，不必重复标注。如图 2—37 所示，500 mm、30 mm、200 mm 既是钢板的定形尺寸，也是组合体的总尺寸。

4. 尺寸标注的注意事项

在工程图中，尺寸的标注除了尺寸齐全、正确、合理外，还应做到清晰、整齐，便于读图。

（1）定形尺寸应尽可能标注在反映基本形体特征最明显的视图上。如圆弧的直径或半径应标注在反映圆弧的视图上，如图 2—37 中的圆孔直径标注为 ϕ60 mm。

（2）相关尺寸应尽量标注在两个视图之间，并靠近某一个视图，如图 2—38 中标注的两处50 mm。

（3）尽量把尺寸标注在投影轮廓线之外，但某些细部尺寸允许标注在图形内。

（4）尺寸尽量不标注在虚线上。

（5）一个尺寸一般只标注一次，但在房屋建筑图中，必要时允许重复。

5. 尺寸标注示例

小门的尺寸标注如图 2—38 所示。

2.7　剖面图和断面图

在投影图中，不可见的部分用虚线表示。对于内部结构形状较为复杂的物体，会在其投影图上出现较多的虚线，虚实线交叉、重叠，造成读图困难。工程图中常采用剖面图和断面图来表示形体内部的情况。

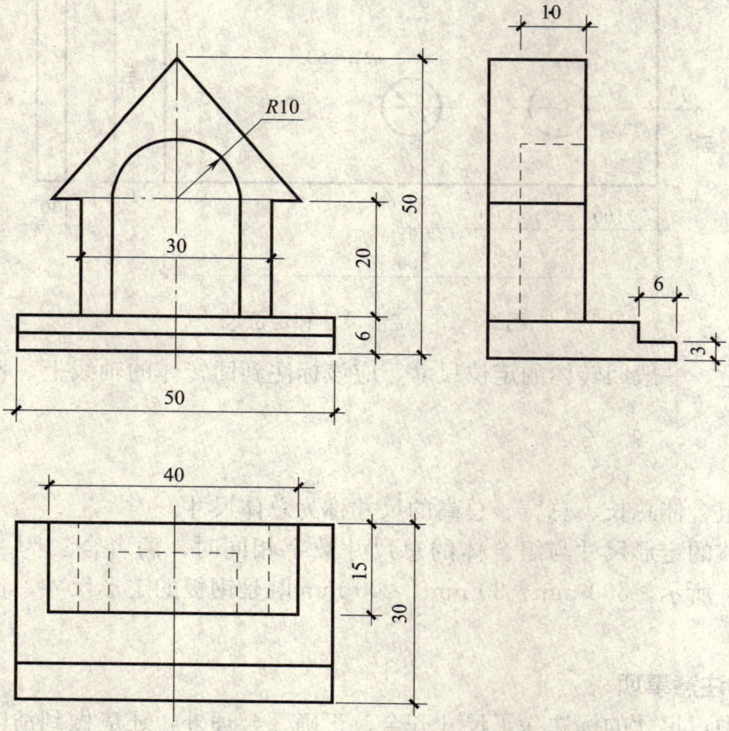

图 2—38　小门的尺寸标注示例

2.7.1　剖面图

1. 概念

假想用一个剖切平面将物体切开，移去观察者与剖切平面之间的部分，将剩余部分向投影面投射所得的图形，称为剖面图。

图 2—39a 所示的视图即为图 2—39b 所示台阶的剖面图。采用剖面图的目的，是使机件内部比较复杂的结构能用粗实线来表示，以便于读图和标注尺寸。

2. 剖面图中应注意的问题

（1）剖面图中，剖切到的部分用粗实线绘制，没有剖到但看到的部分用中实线绘制。在剖面图中，为了区别形体被剖到的部分和后面被看到的部分，规定在被剖到的图形上画剖面线。剖面线为 45°细实线，间距 2～6 mm。在同一形体的各剖面中，剖面线的方向、间距要一致。在剖面图中，需要表明形体的构造材料时，要按国家标准规定画出材料的剖面线，见表 2—7。

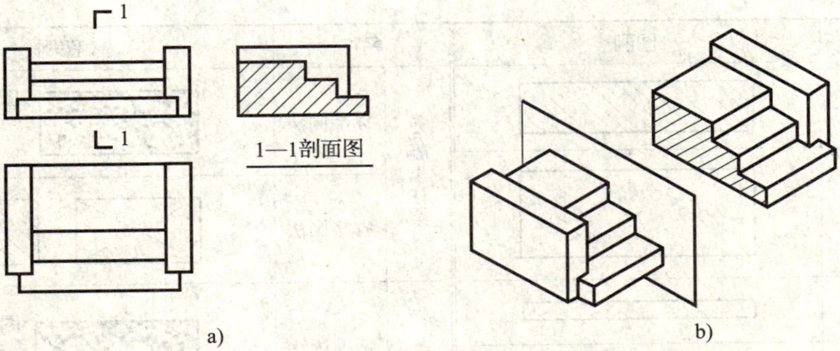

图 2—39 剖面图的概念

a）剖切视图 b）剖切立体图

表 2—7 剖面符号

名称	图例	名称	图例
木材 横剖	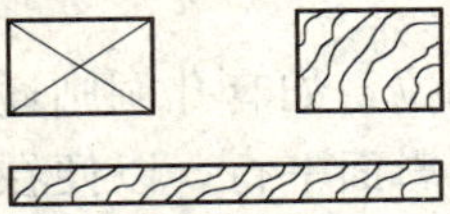	软质填充物	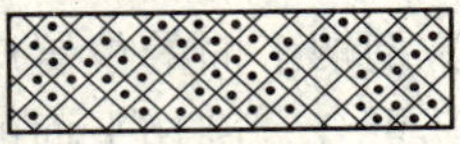
木材 纵剖		金属 一般金属	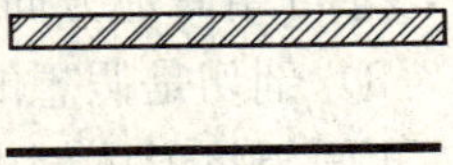
细木工板 横剖	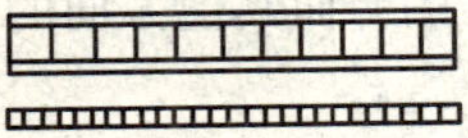	金属 铝合金	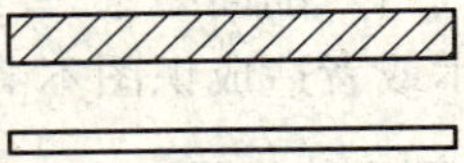
细木工板 纵剖	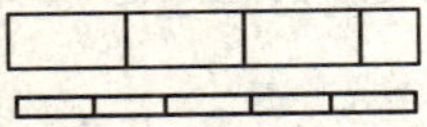	普通砖 标准画法	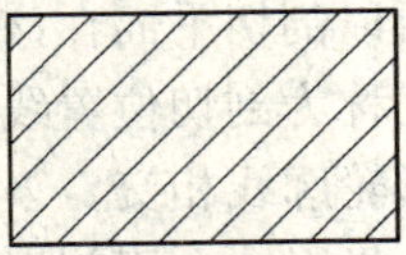
胶合板	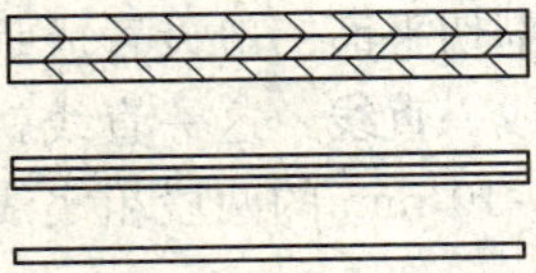	普通砖 省略画法	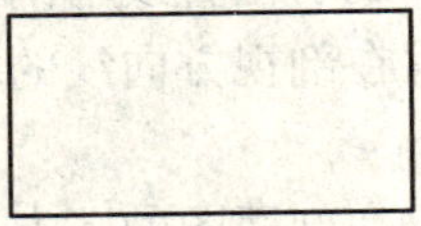
覆面刨花板	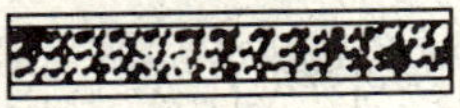		
塑料、有机玻璃、橡胶	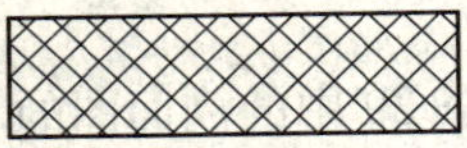		

续表

名称		图例	名称		图例
石材			混凝土柱梁	标准画法	 图形小时，可涂黑 
玻璃	平面	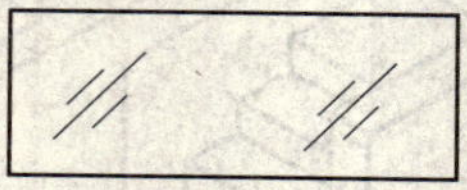		省略画法	 
	纵剖		钢筋混凝土	标准画法	 图形小时，可涂黑 
镜子	平面	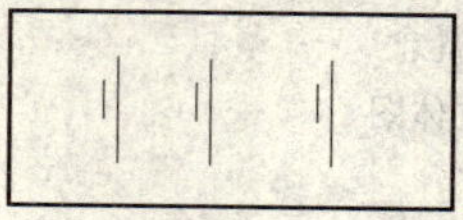		省略画法	 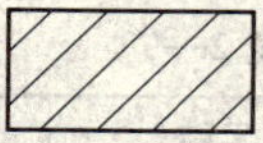
	纵剖				

（2）剖切平面的位置应选择在形体最需表达的部位，如有孔洞则通过孔洞，如有对称面则与其重合。剖切平面的方向，一般选择与某一投影面平行，以便在剖面图中得到该部分的实形。只有当内部形状不能在基本投影面上反映实形时（如实形面与基本投影面垂直），才可用其他方向的平面作为剖切平面。

（3）剖切是假想的，并非把形体真正剖开，只是在某一投影方向上需要表示内部形状时，才假想将形体剖去一部分，画出此方向上的剖面图。而其他方向的投影应按完整的形体画出。

（4）剖面图中一般不画虚线，只有当被省略的虚线所表达的意义不能在其他投影图中表示或者造成识图不清时，才可保留虚线。

3. 剖切的表示

（1）剖切平面的位置用剖切位置线表示。由于剖切平面一般设置成垂直于某一基本投影面，所以剖切平面在该基本投影面内的投影积聚成一直线，这一直线就表明了剖切平面的位置，称为剖切位置线。剖切位置线用长度为 6～10 mm 的两段粗实线绘制，在图中不得与图形轮廓线相交。

（2）投影方向用剖视方向线表示。剖视方向线位于剖切位置线的两端，并与其垂直，用长度为 4～6 mm 的两段粗实线绘制。

（3）剖切位置线与剖视方向线合在一起就叫剖切符号。剖切符号应用阿拉伯数字进行编号，写在剖视方向线的端部，编号数字一律水平书写。图 2—39 中的剖切符号的编号为“1”。

（4）在剖面图的下方要注写剖面图的名称，图 2—39 中的剖面图的名称为“1—1 剖面图”或简称为“1—1”。

当剖切平面通过形体的对称平面，且剖面图又在基本投影图的位置，两图之间也没有其他图形隔开时，上述标注的各项要求均可省略，如图 2—40 所示。

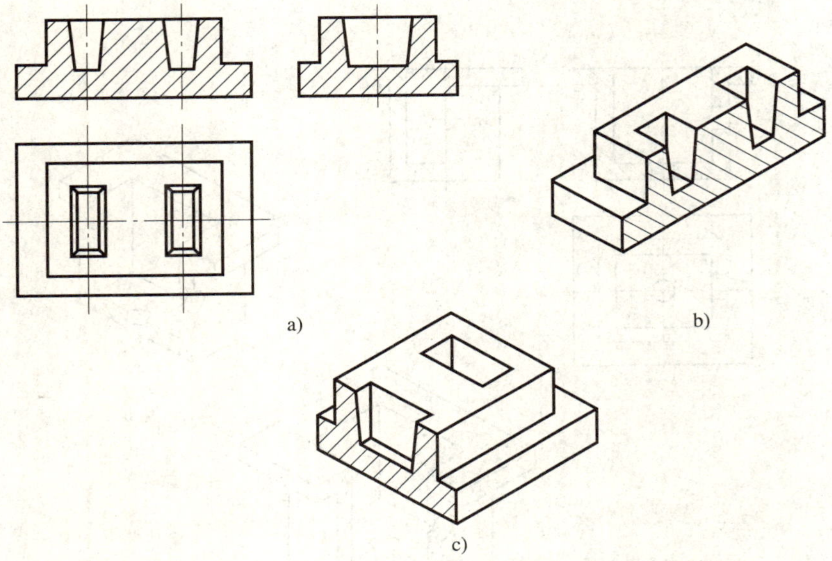

图 2—40　组合体剖面图

a）组合体剖切面图　b）正投影剖切立体图　c）侧投影剖切立体图

4. 剖面图的种类

（1）全剖面图。假想用一个剖切平面把形体整个剖开后所画出的剖面图叫全剖面图，如图 2—40 所示。

当形体的投影是非对称的，如果需要表示其内部形状时，应采用全剖面图。当形体的投影虽是对称形，但外形简单，为表示其内部形状亦可采用全剖面图。

（2）半剖面图。半剖面图就是以图形对称线为分界线，在对称线的一侧画出表示外形的投影，另一侧画出表示内部形状的剖面。当形体在某个方向的投影是对称图形，而且内、外形都比较复杂时，应采用半剖面图。在半剖面图中，剖面应画在垂直对称线的右侧或水平对称线的下侧，如图 2—41 所示。

半剖面图相当于剖去形体的 1/4，将剩余的 3/4 做剖面。

（3）局部剖面图。当仅需表达形体的某局部的内部形状时，可采用局部剖面图。

局部剖面图在投影图上用波浪线作为剖到部分与未剖到部分的分界线，如图 2—42 所示。波浪线不得超出图形轮廓线，在孔洞处要断开。画局部剖面图时，一般省略剖切表示。

（4）阶梯剖面图。当形体上有较多的孔、槽，且不在同一层次上时，可用两个或两个以上平行的剖切平面通过各孔、槽轴线把物体剖开，所得剖面称为阶梯剖面，如图 2—43 所示。

由于剖切是假想的，所以不能把剖切平面转折处投影到剖面图上。在建筑图中一般以转折一次为宜，还应避免剖切平面在图形轮廓线上转折，以免混淆不清。阶梯剖面的剖切表示如图 2—42a 所示。

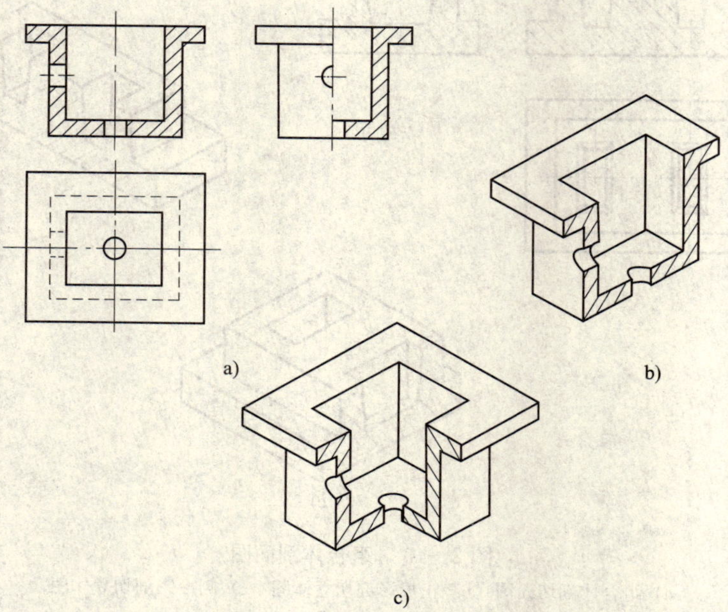

图 2—41　半剖面图

a）组合体剖切视图　b）正投影全剖切立体图　c）侧投影半剖切立体图

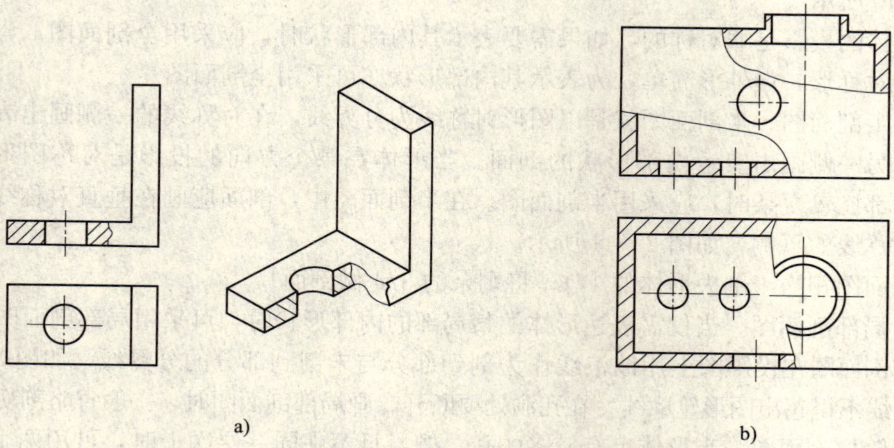

图 2—42　局部剖面图

a）局部剖切视图实例（一）　b）局部剖切视图实例（二）

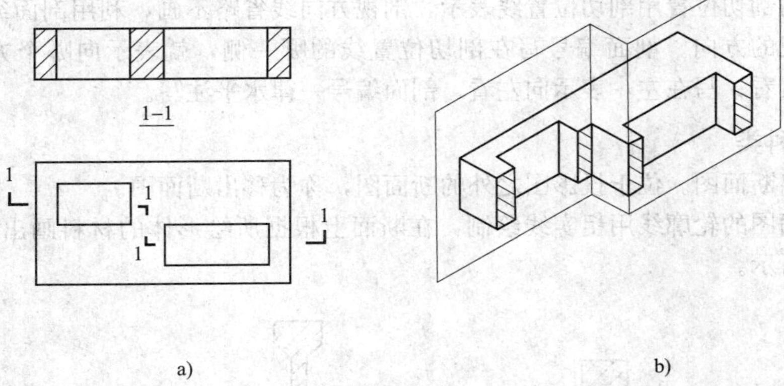

图 2—43　阶梯剖面图

a）阶梯剖切视图　b）阶梯剖切立体图

2.7.2　断面图

1. 概念

假想用一个剖切平面剖切物体，仅画出被剖到部分的图形叫断面图，简称断面，如图 2—44 所示。

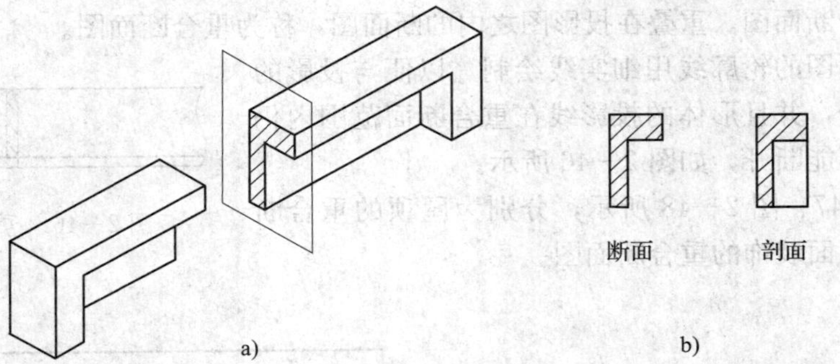

图 2—44　断面图的概念

a）断面的立体图　b）断面图与剖面图的比较

从图中可以看出，在同一剖切位置处，断面是剖面的一部分，剖面中包括断面，但不能以剖面图来代替断面图，断面图必须另外画出。

2. 断面的表示

断面图只画出剖到部分的投影，用粗实线画出断面轮廓线，断面图形上画 45°的剖面线。

3. 剖切的表示

断面图的剖切位置用剖切位置线表示，剖视方向线省略不画，利用剖面编号的书写位置来表明剖视的方向。剖面编号写在剖切位置线的哪一侧，就表示向哪个方向看：写在右，表示向右看；写在左，表示向左看。剖面编号一律水平注写。

4. 断面图的种类

（1）移出断面图。位于投影图之外的断面图，称为移出断面图。

移出断面图的轮廓线用粗实线绘制，在断面上根据所绘形体的材料画出规定的图例，如图 2—45 所示。

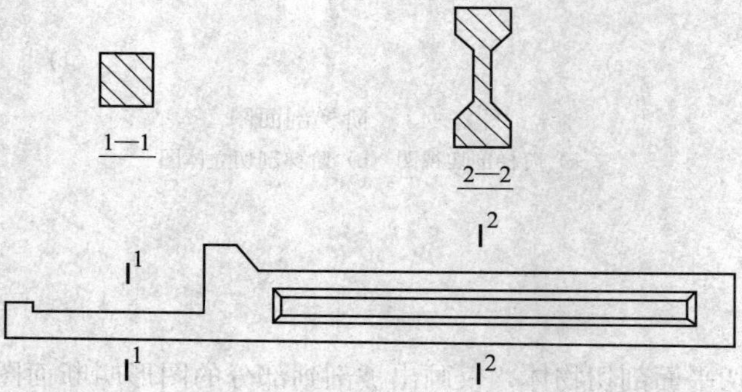

图 2—45　移出断面图

（2）重合断面图。重叠在投影图之内的断面图，称为重合断面图。

重合断面图的轮廓线用细实线绘制，以便与投影的轮廓线区别开，并且形体的投影线在重合断面范围内仍是连续的，不能断开，如图 2—46 所示。

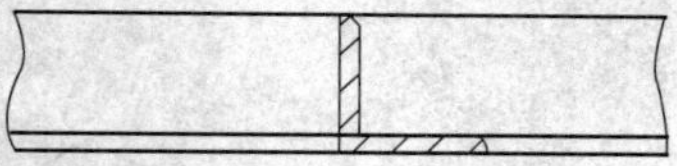
图 2—46　重合断面图

如图 2—47、图 2—48 所示，分别为屋顶的重合断面图和外墙立面装饰的重合断面图。

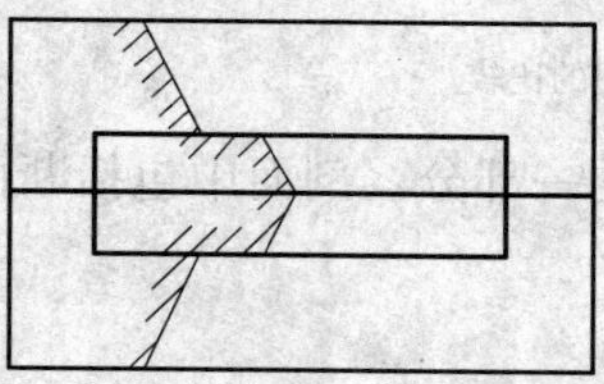
图 2—47　屋顶的重合断面图

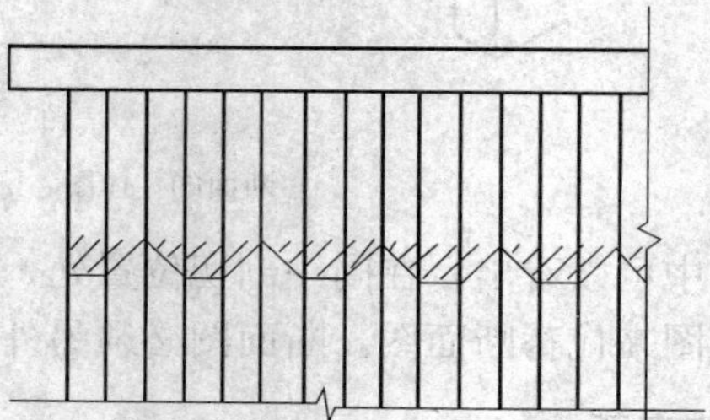
图 2—48　外墙立面装饰的重合断面图

(3) 中断断面图。画在投影图的中断处的断面图，称为中断断面图，如图 2—49b 所示。重合断面和中断断面均不需加标注。

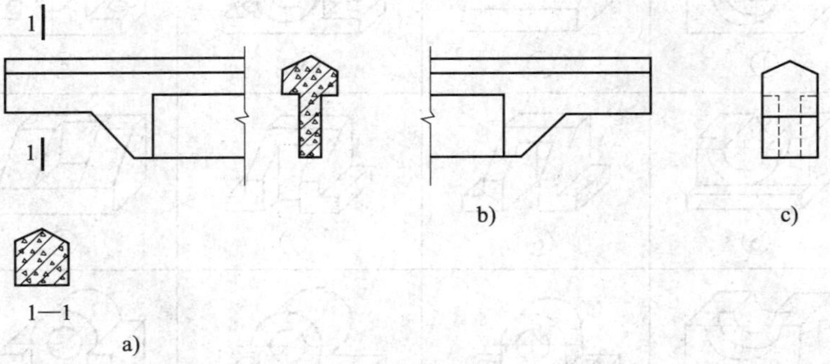

图 2—49 移出断面图和中断断面图

a)、b) 中断断面图 c) 侧投影图

职业技能鉴定要点

行为领域	鉴定范围	鉴定点	重要程度
理论准备	制图的基本规定	图样的比例	★
		图线	★
		尺寸标注	★
	投影的基础知识	正投影的概念与特性	★★
		三视图的形成及其特性	★★
	组合体视图及看图方法	形体分析法识图	★★★
		线面分析法识图	★★★
	组合体的尺寸标注	组合体的尺寸	★★

思考题

1. 剖面图有几种，各有什么特点?
2. 断面图有几种，各有什么特点?
3. 剖面图与断面图有何不同?
4. 组合体三视图中标注的尺寸有几种? 说明每种尺寸的含义。
5. 图 2—50 给出了一组物体并为每一个物体编号，请在图 2—51 中找出与这些物体对应的三视图，并将号码对应地记入三视图下方的空白圆圈内。

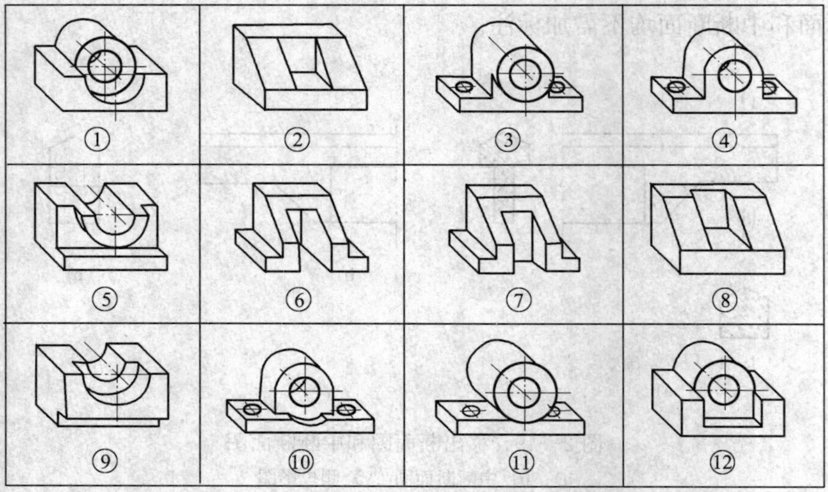

图 2—50　一组物体的立体图

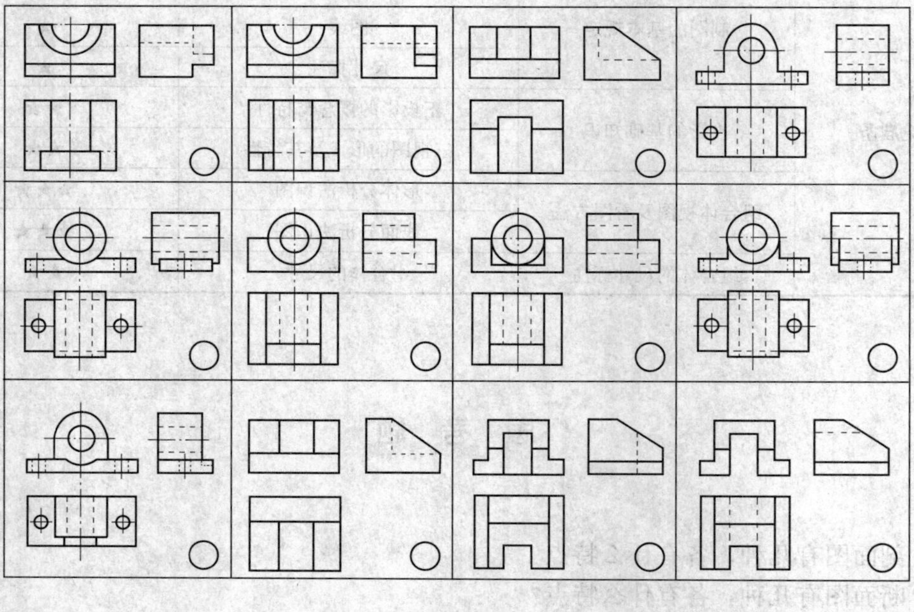

图 2—51　一组物体的三视图

6．图 2—52 给出了三个物体，要求在每一物体右侧的四个视图中找出按箭头所指投影方向的正确视图。

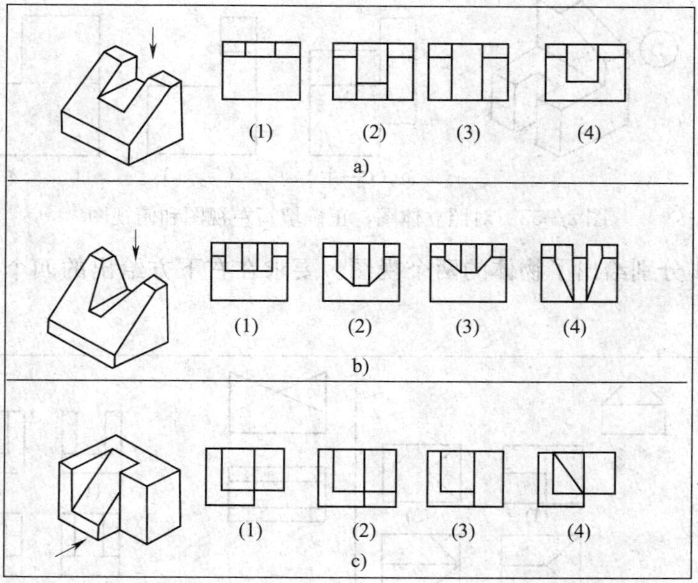

图 2—52　选取按箭头所指投影方向的正确视图

7. 根据图 2—53，对照立体图 A、B、C、D 及投影方向，按主视图标明的方式将各立体图对应的左视图和俯视图填入括号内。

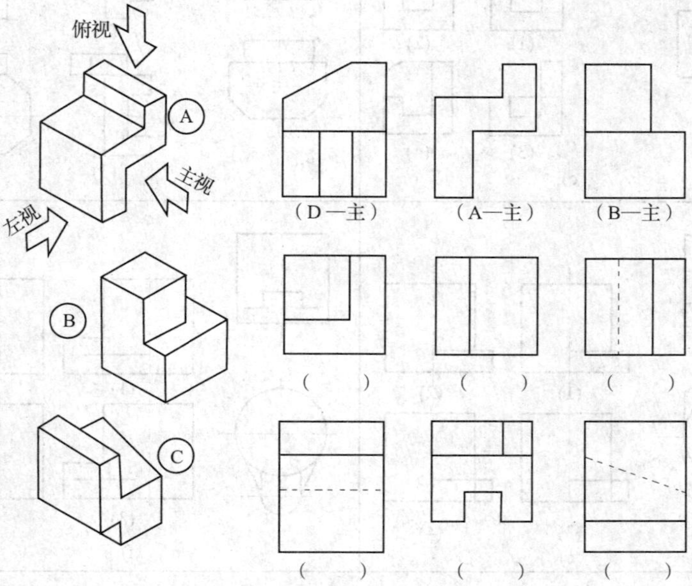

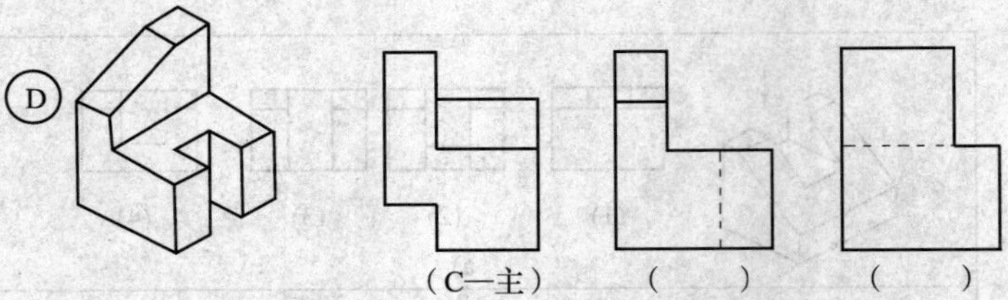

图 2—53　对照立体图，正确填写左视图和俯视图

8. 图 2—54 分别给出了物体的两个视图。要求在右下方给出的四个视图中判断出正确的第三视图。

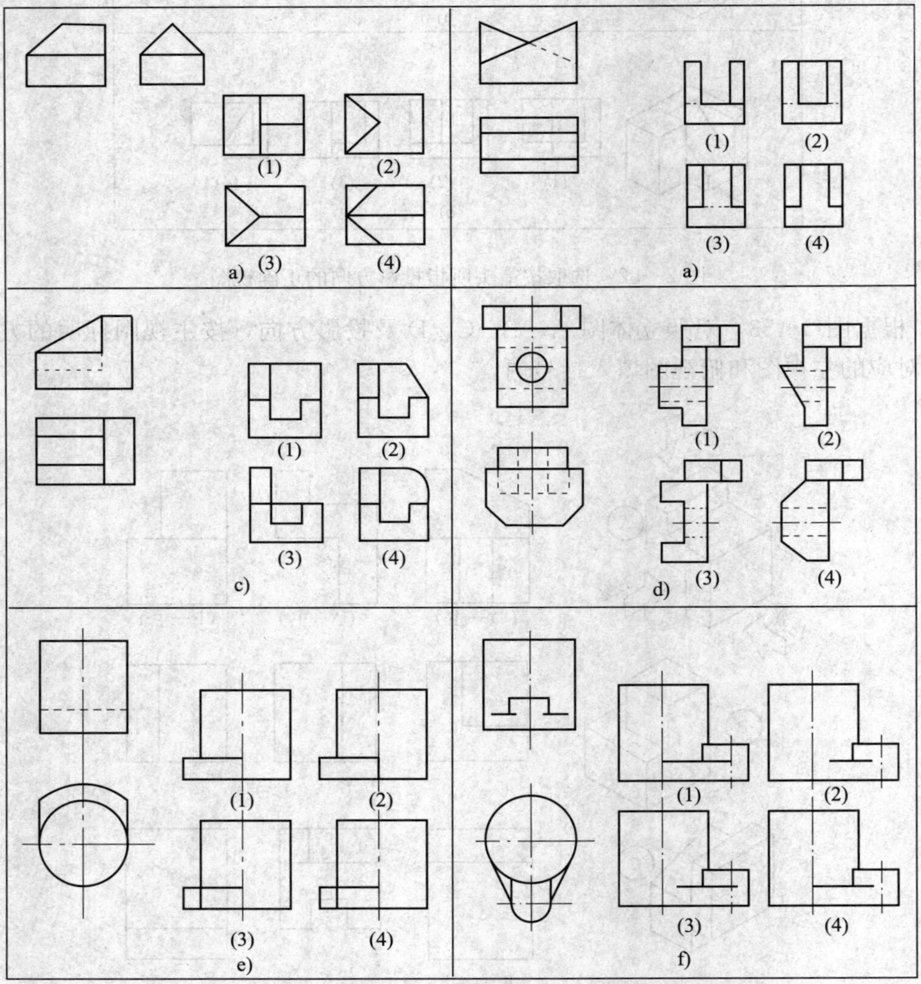

图 2—54　判断正确的第三视图

第 3 单元

建筑模型制作

引 导 语

建筑模型的制作，最终以具体的材料构成，是以材料的成型与加工手段为依据的。

建筑模型材料是建筑模型设计与制作的物质基础。识别和合理使用材料是建筑模型设计制作员必须具备的基本技能。本单元介绍建筑模型中常用的塑料材料、泡沫材料、木质材料、树脂材料、纸张材料、金属材料、表面装饰材料、黏合剂材料等的用途和特点。

在模型制作过程中，要使模型形体达到图纸要求，其加工工具与设备的使用是极为重要的。本单元介绍常用模型制作工具及使用，使学员了解常用测量工具及其使用、手工工具及其使用、曲折工具及其使用、接合工具与接合技术、模型表面打磨工具与打磨技术。

本单元中，以实例详细介绍建筑模型的制作过程，以使学员熟练掌握模型制作中的放样、划线、剪裁、拼接、表面修整等技能。

3.1 常用模型制作工具及使用

模型制作工具多种多样，以好用并能达到制作目的为准。对手用工具的要求并不复杂，有些自制的工具可能更加得心应手。

3.1.1 测量工具及其使用

在模型制作过程中，用来测量模型材料尺寸、角度的工具称为量具。

测量工具按要求有不同的精度分类。对于一般的模型制作而言，要考虑测量工具的经济性、成本和使用效率，按实际效果有 0.1 mm 的精度就足够了。对于配合精度要求高的工件，则测量工具的精度要求会高一些。

1. 直尺、角尺、游标卡尺和软蛇尺

常见的直尺、卷尺、游标卡尺、直角尺、组合角尺、万能角尺，如图 3—1 所示。

（1）直尺。直尺是画直线、绘图标定和制作的基本必备工具，如图 3—2 所示。常用的有不锈钢直尺、有机玻璃尺和钢片卷尺。不锈钢尺由于其耐磨、耐腐蚀、不怕划等特点，在模型行业中应用较多。常用的长度有 150 mm、300 mm、500 mm、1 m、1.2 m 等几种。

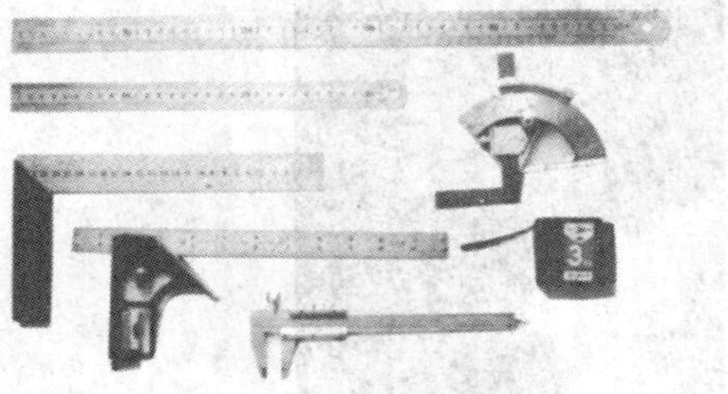

图 3—1　各种量具

图 3—2　直尺的应用

（2）角尺。角尺有 90°角尺（直角尺）和万能角度尺两种。90°角尺是用于加工划线和检验模型垂直及方正的工具，如图 3—3 所示；万能角度尺是一种能任意调整角度的划线尺，如图 3—4 所示。

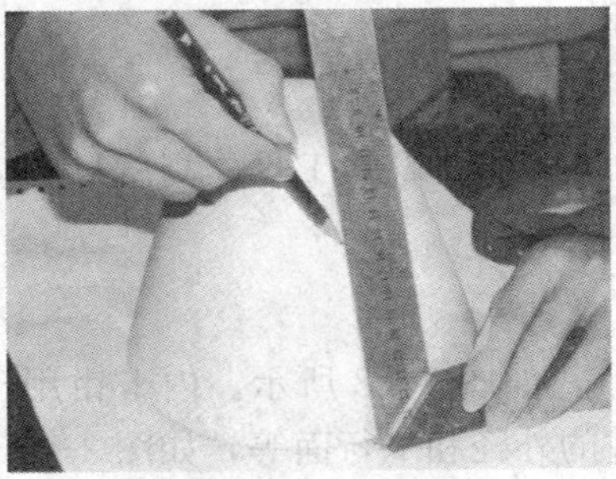

图 3—3　90°角尺的应用

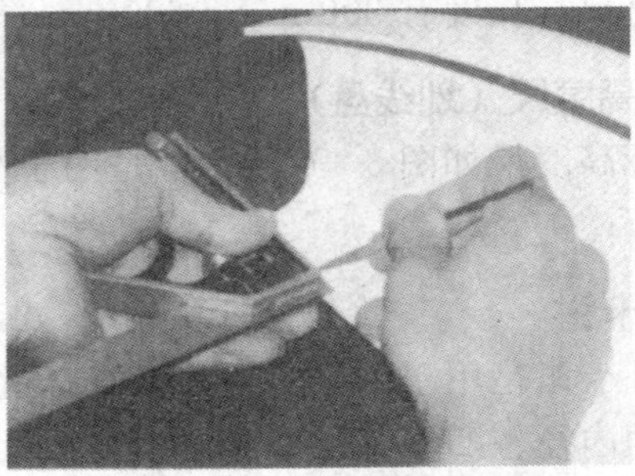

图 3—4　万能角度尺的应用

（3）游标卡尺。游标卡尺是用于测量加工物件内径、外径、高度和深度尺寸的量具。同时，它又是在软质类材料上画线的理想工具。其测量精度可达±0.02 mm。一般常用的有150 mm、300 mm两种量程。游标卡尺的应用如图3—5所示。

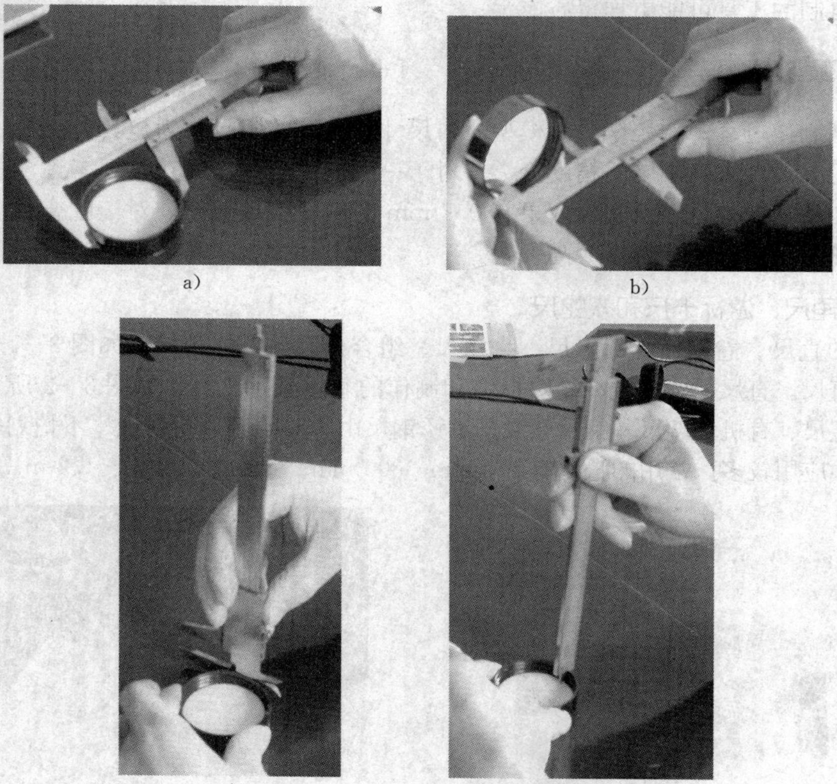

a) b) c) d)

图3—5　游标卡尺的应用

a）量外径　b）量内径　c）量高度　d）量深度

（4）软蛇尺。软蛇尺是一种可以根据需要的形状任意弯曲的测量、绘图工具，质感为橡胶状，尺身长度有300 mm、600 mm等多种规格。

2. 游标高度尺（划线盘）

游标高度尺如图3—6所示，是用于高度方向划线和测量的工具。高度尺的应用如图3—7所示。

3. 内外卡钳

内外卡钳是用于测量模型圆弧直径的常用量具，如图3—8所示。内卡钳用于测量模型工件的内径、凹槽等；外卡钳用于测量模型工件的外径和平行面等，如图3—9所示。

图 3—6 游标高度尺和划线平台

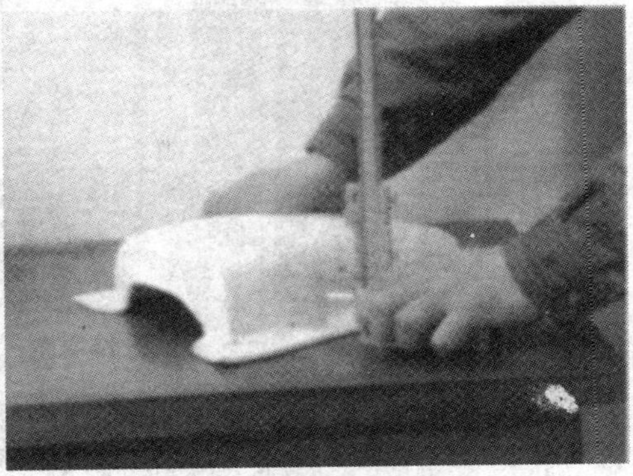

图 3—7 高度尺的应用

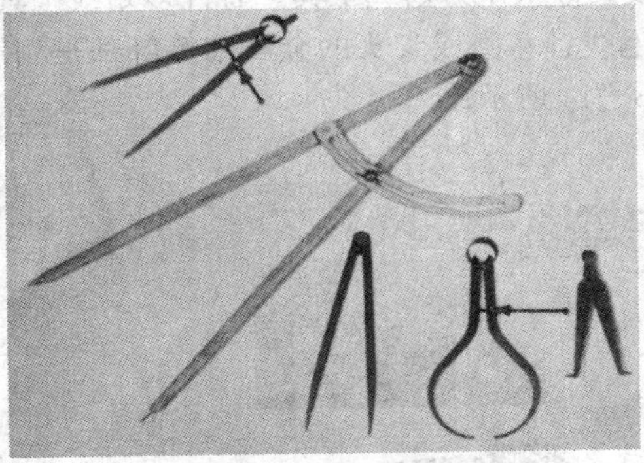

图 3—8 划规和内外卡钳

图 3—9 外卡钳的应用

4．圆规、分规

圆规是用于测量、绘制圆的常用工具。一般常用的有一脚是尖针、另一脚是铅芯的圆规和两脚均是尖针的圆规。后者经常用于等比的分割划线，也称为“分规”。圆规和分规如图 3—10 所示。

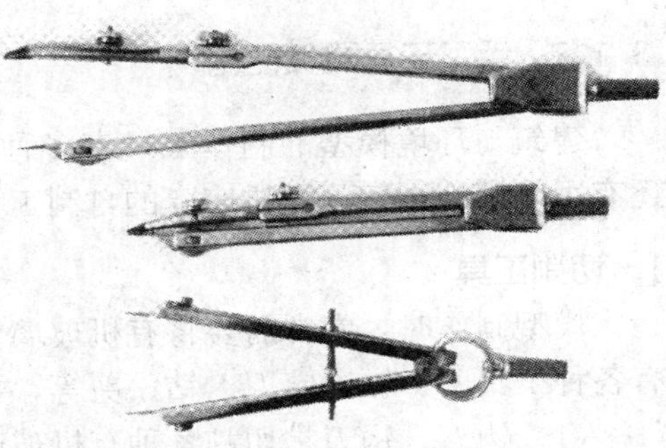

图 3—10 圆规和分规

5．模板

模板是测量、绘图的工具。它可以测量和画出不同形状的曲线图案。模板及其应用如图 3—11和图 3—12 所示。

图 3—11　各种曲线模板

图 3—12　用曲线模板画曲线

6. 划线工具

在制作模型中，根据图样或实物的几何形状尺寸，在待加工模型工件表面上划出加工界线的工具称为划线工具，通常用线钢材加工成尖锥状作为划线工具。有许多划线工具可供选择。如锥子，是定点工具；圆珠笔、铝的毛线针、磨成尖头的金属细棒等都是划线、划痕工具。划线工具及其应用如图 3—13 和图 3—14 所示。

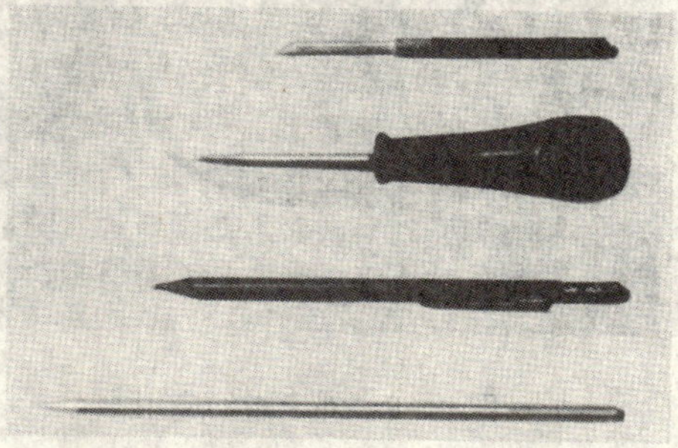

图 3—13　划线工具

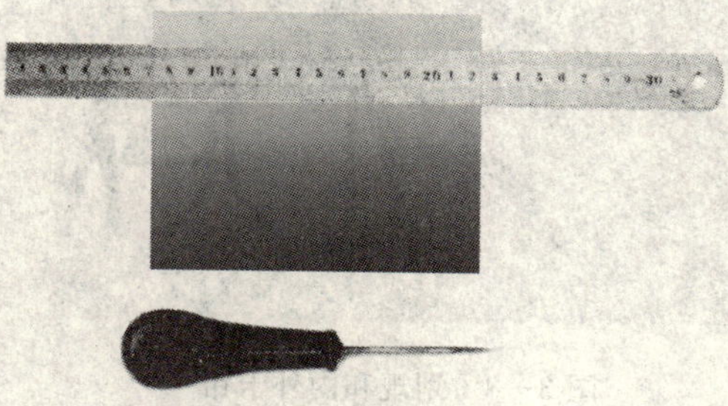

图 3—14　划线工具的应用

3.1.2　手工工具及其使用

建筑与环境模型的制作工具有多种，除了常用的各种工具刀、钢尺、锯、刨、锉等，还有很多因地制宜、随机应变的自制工具。下面分类介绍常用的工具及使用技术。

1. 切削工具

模型制作时，常常需要将有机玻璃、胶板、卡纸等材料适当地切削，常用的切削工具有各种工具刀、锯、锉刀、钻、剪等，如图 3—15 所示。

（1）钩刀。钩刀是切割各种有机玻璃、塑料板、胶片的主要工具。利用钩刀可将上述材料作直线钩割。钩刀刀片可以更换，备用刀片藏于刀柄之中。用钩刀钩割 1～3 mm 厚的塑胶材料时，只需用钢尺辅助，割至胶片 1/3 深度后，将胶片割线居于桌边，一手将其下按固定，另一手用力向下扳断即可，如图 3—16 所示。如钩割 5 mm 厚以上的胶片，则需双面钩割或用电锯切割。

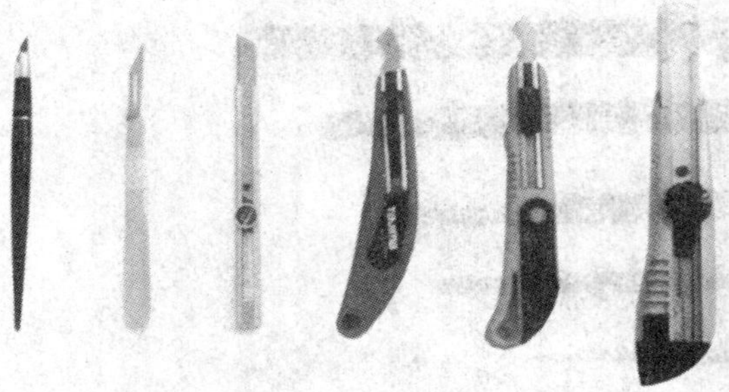

图 3—15　尖头刻刀、手术刀、钩刀、美工刀

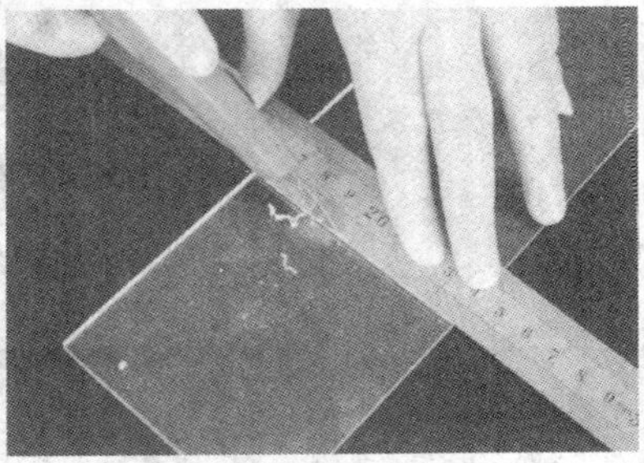

图 3—16　用钢尺和钩刀划线下料

（2）手术刀。手术刀主要用于各种薄纸的切割与划线，尤其是建筑门窗的切、划离不开手术刀。手术刀的规格品种较多，有圆刀、尖刀、斜口刀等，切、划门窗一般用 3 号刀柄配 11 号斜口手术刀片比较理想，切、划弧线则用圆口手术刀比较方便。手术刀刀锋尖锐，使用时切勿用手触摸刀口。使用手术刀应顺刀口方向成 45°角或握笔姿态切、划。

（3）美工刀。美工刀又名墙纸刀，主要用于切割纸板、墙纸、吹塑纸、苯板、即时贴等较厚的材料。刀片可收入刀柄，用时可推出；当刀刃不锋利时可依刀片的斜痕，用刀柄尾部的插卡折断用钝了的刀片，后段再继续使用。使用美工刀时，刀片切勿推出太长，削切时宜用低角度切割，以免刮纸。

（4）剪刀。剪刀常用于剪裁纸张、双面胶带、薄型胶片和金属片等，一般需备有医用剪刀、大剪刀和小剪刀三种。剪刀的选用要注意刀口锋利，铰位松紧适当，使用时切勿随意抛掷。剪刀及其使用如图 3—17 和图 3—18 所示。

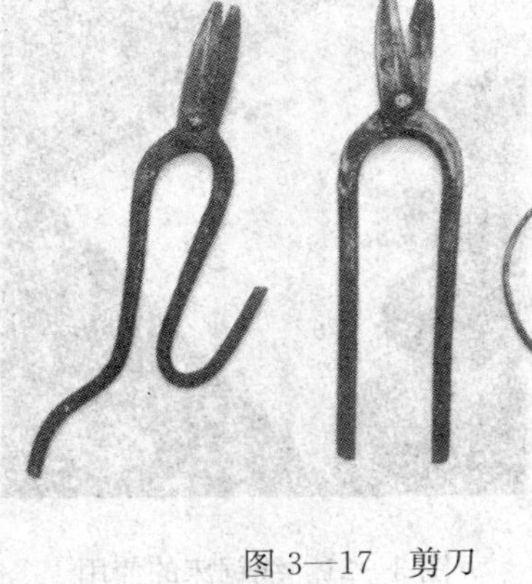

图 3—17　剪刀

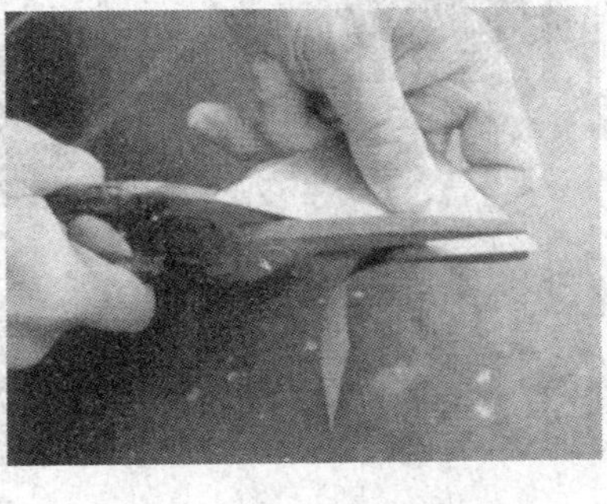

图 3—18　剪刀的使用

（5）木刻雕刀。木刻雕刀是一种美工刀具，可以用来对模型的局部进行刻削加工，如图 3—19 所示。

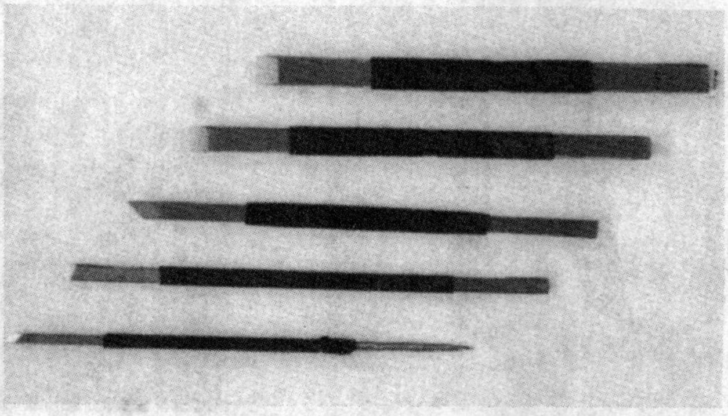

图 3—19　木刻雕刀

木刻雕刀形状多样，用途较广，手柄端部呈圆形，适用于木制模型和塑料模型局部的雕刻加工。

2．锯切工具

（1）线锯床。线锯床主要用于切割有机玻璃、胶片、软木、薄板和金属片的曲线和弯位。锯片较细，可快速转弯。线锯床及其使用如图 3—20 和图 3—21 所示。线锯床可配用不同锯片，使用时的注意事项如下：

1）选择合适的锯片，锯齿要向下，将其正确地装嵌在机内。

2）把工件放在锯台上。

3）用手按住工件，开动机器。

4）启动后留意锯片上下摆动的位置。

5）转弯时要注意对工件的力度控制。

图 3—20　线锯床

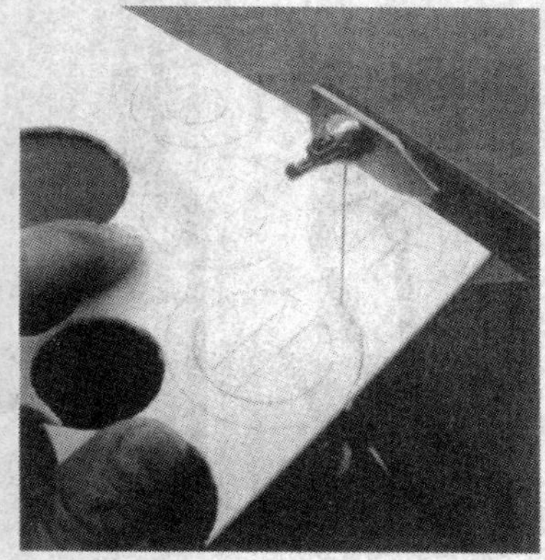

图 3—21　线锯床的使用

（2）电动手锯。电动手锯用于精细地切割曲线及弯位，构造和线锯床相似，但配用的锯片比线锯床稍粗。可锯切胶片和薄金属片，多用于制作模型中的建筑装饰浮雕、围墙等。使用电动手锯时要先将锯架拉紧再夹上锯片，操作时锯片与工件要保持垂直，锯齿向下，并制一块V字形木板作辅助切削。电动手锯及其使用方法如图3—22和图3—23所示。

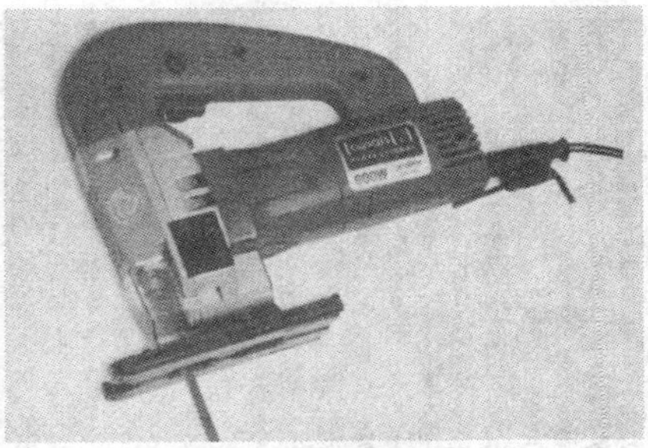

图3—22　电动手锯

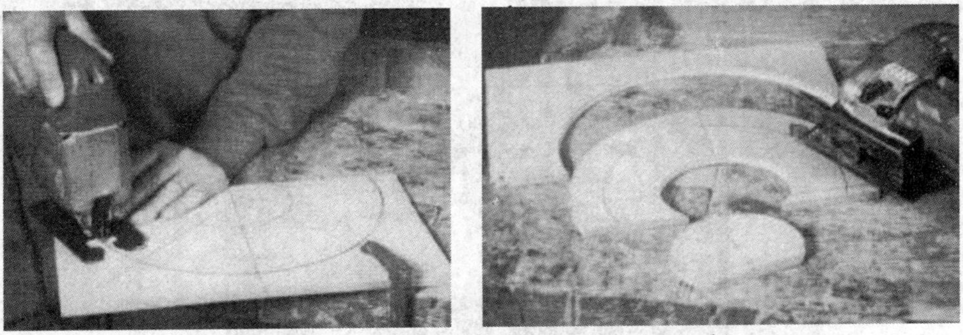

a）　　b）

图3—23　电动手锯的使用

a）电锯剪裁（一）　b）电锯剪裁（二）

（3）手锯。手锯有木锯、板锯、钢锯和线锯，主要用来切割线材与人造板材，如图3—24所示。木锯背有一条线弓，控制锯片松紧，不易弯曲，用来锯割木料横切面较理想，如图3—25所示；板锯可用来锯割板材；钢锯可用来锯割金属材料；线锯可用来锯割曲线和内孔，如图3—26所示。

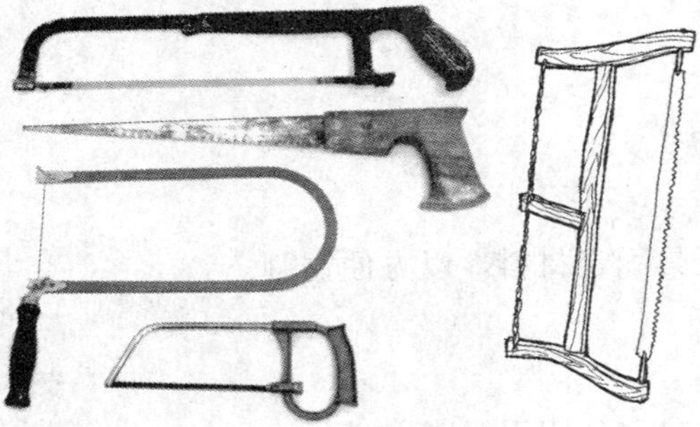

图3—24　各种手锯

图3—25　木锯的使用

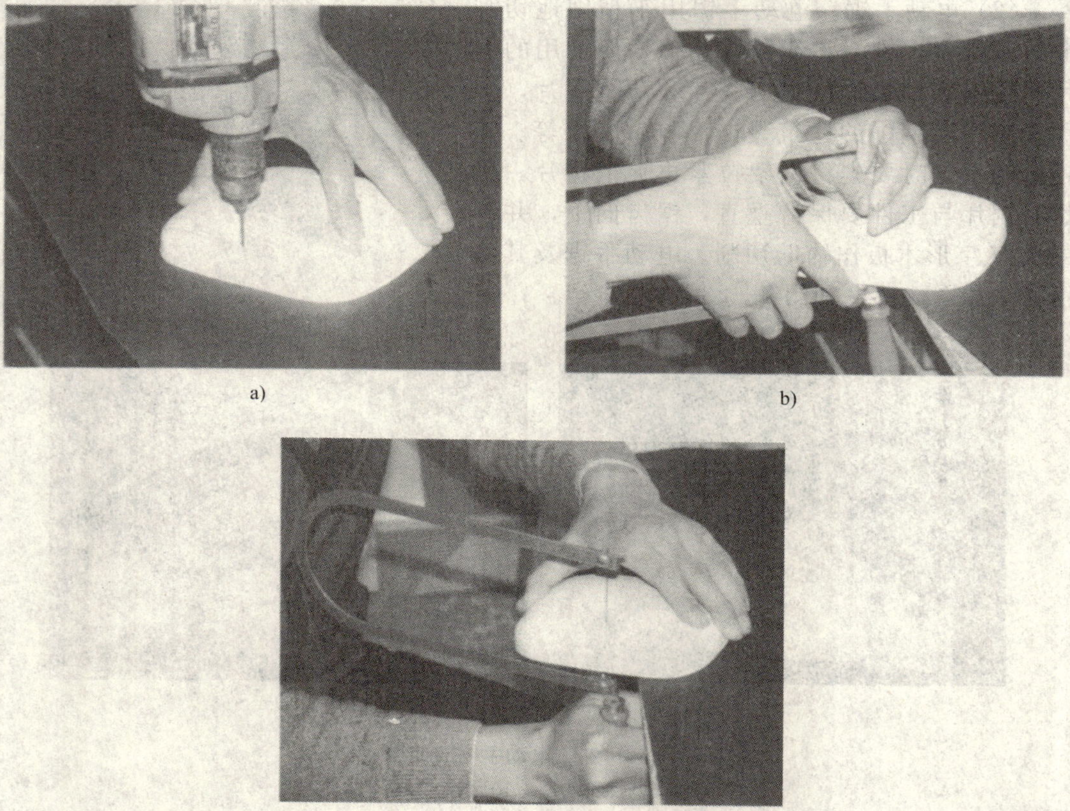

a)　　　　b)　　　　c)

图 3—26　线锯的使用

a）在待加工材料上钻一个小孔　b）将线锯条穿过小孔，装上锯弓

c）按加工线用曲线锯进行锯切

用手锯加工材料时要注意：

1）锯割速度不要太快。

2）锯片与工件面成 90°。

3）遇到弯位与收口要特别小心。

4）起锯时可用手指辅助定位。

5）可借助台虎钳、垫板、金工台钳等工具固定材料，以方便锯割。

6）锯片可转换角度，以方便锯割长料。

7）锯割时要把握好锯片方向。

8）锯割后工件会有锋口，锯片和工件发热，勿用手触摸。

（4）电热丝锯。电热丝锯是根据电热丝通电发热的原理来熔化切割吹塑纸、泡沫聚苯乙烯等材料的工具。电热丝的温度可以根据要切割的泡沫塑料类型和密度进行调节。如果电热丝温度过高，切割道会太宽，不均匀。如果温度太低，在切割时使用的推力会使切割线变形，甚至断掉。电热丝锯及其使用如图 3—27 和图 3—28 所示。

图 3—27　电热丝锯

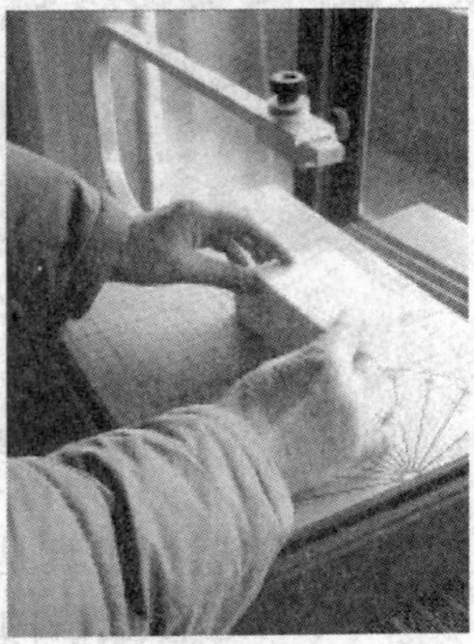

图 3—28　电热丝锯的使用

3．刨锉工具

（1）刨刀。刨刀主要用来刨削木材、塑料及有机玻璃的表面，也是对其边沿、切口等进行修饰的工具。主要有长平刨、短平刨、弧面刨和边刨等。各种刨锉工具及其使用如图 3—29 所示。模型有机玻璃面罩和木制沙盘的制作离不开刨削技术。木刨转动旋转轮，可调校刨削的深浅度。推拨调校杆，可调校刨刀使其与刨底左右平衡。刨楔用来将刨刀固定于刨身上。刨刀装拆容易。刨身前后均有木柄，使用十分方便。刨削材料时，可根据不同要求而选用合适的刨刀。

a)

b)

c)

d)

e)

f)

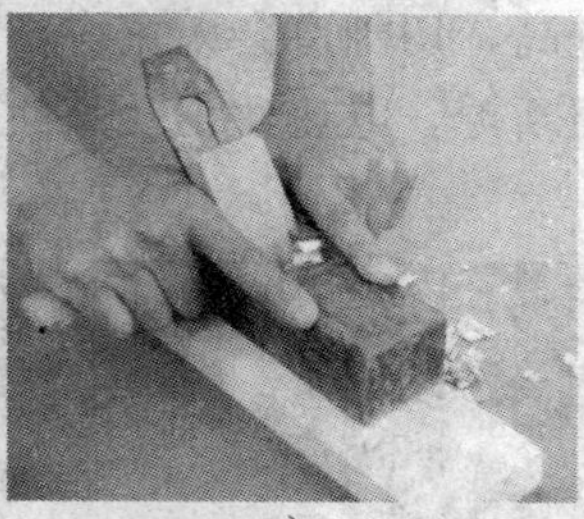

g)

图 3—29　各种刨刀

a）短平刨用于刨削平面　b）弧面刨用于刨削弧面　c）边刨用于加工边口

d）长平刨用于刨削平面　e）压刨机用于刨修平整

f）自制小刨刀进行细部刨削加工　g）刨削操作

（2）錾凿工具。錾凿工具是利用人力冲击金属刃口对材料进行錾凿的工具，如图3—30所示，主要用于凿和切削木料、塑料、有机玻璃等，可切削直角和槽位等。有时在凿削（切）时需用木槌或锤敲打錾凿工具的末端。常见的有金工錾、木工錾、塑料錾刀等。錾凿工具的使用如图3—31所示。

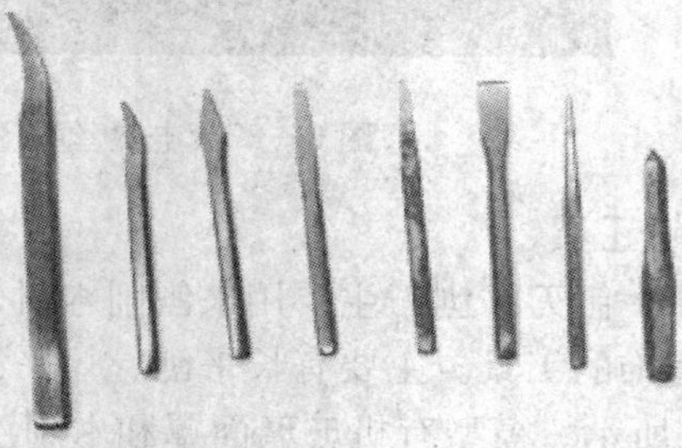

图 3—30　各种錾凿工具

a)

b)

图 3—31　錾凿工具的使用

a）木工錾的凿削加工　b）用錾刀进行局部刻削加工

（3）锉刀（见图 3—32）。锉刀主要用于修平与打磨有机玻璃和木料。锉刀分木锉与钢锉两类，木锉用于木料加工，钢锉用于塑料、有机玻璃与金属材料加工。按锉刀的形状与用途，可分为方锉、圆锉、半圆锉、三角锉，可视工件的形状选用。按锉刀的锉齿分粗锉、中粗锉和细锉。锉刀的使用方法有横锉法、直锉法和磨光锉法。主要用于对表面的平整，如平面、凹凸曲面和圆孔的加工。锉刀的使用如图 3—33 所示。

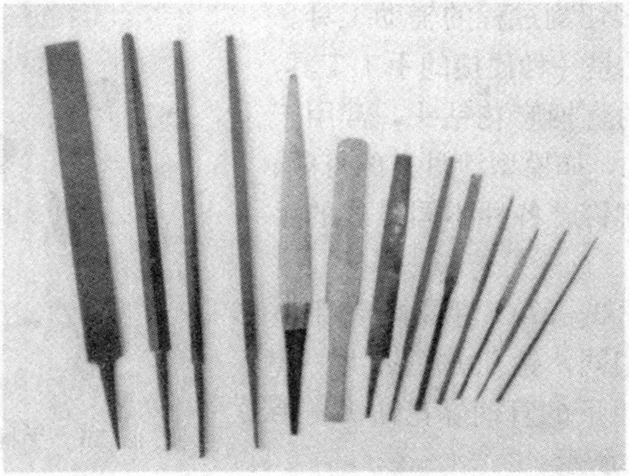

图 3—32　不同规格的锉刀

a)　　b)

图 3—33　锉刀的使用

a）用平锉刀修整平直毛边　b）用半圆锉刀修整曲线毛边

什锦锉如图 3—34 所示，俗称组锉，是由多种形状的锉刀组成，锉齿细腻，适用于直线、曲线及不同形状孔的精加工。什锦锉的使用如图 3—35 所示。

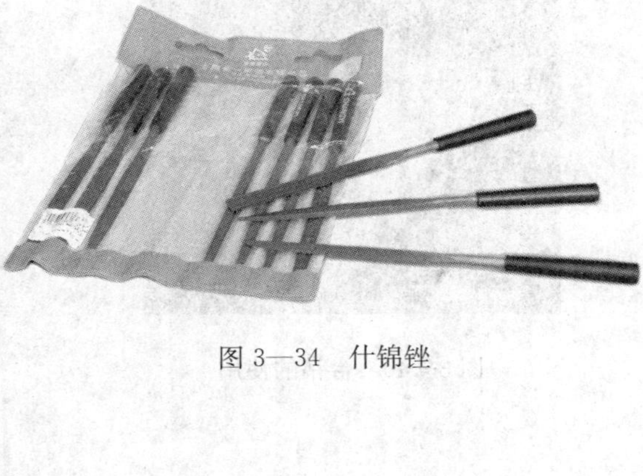

图 3—34　什锦锉

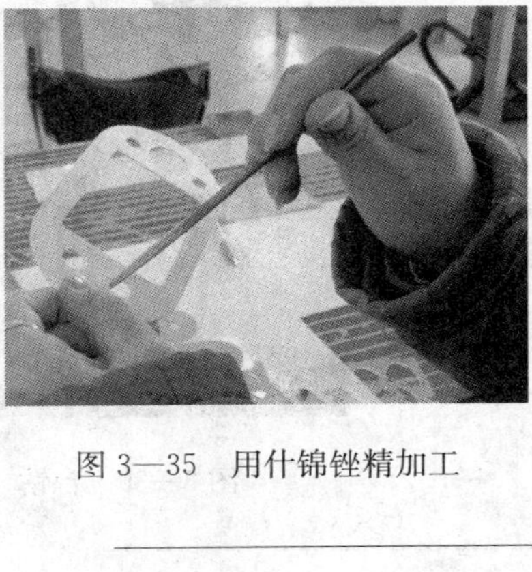

图 3—35　用什锦锉精加工

4. 钻孔工具

常见的钻孔工具有手摇钻、手提电钻和台钻等。在模型制作中，钻孔工具可以进行钻孔加工，也可以作为许多切割过程的辅助工具。

（1）手摇钻。手摇钻是一种便捷的手工工具，可配用直径 8 mm 以下的直柄麻花钻头，常用于在模型上钻直径细小的孔，如模型沙盘上的灯眼、树眼，以及上木螺丝或铆钉。各种不同样式的手摇钻如图 3—36 所示。

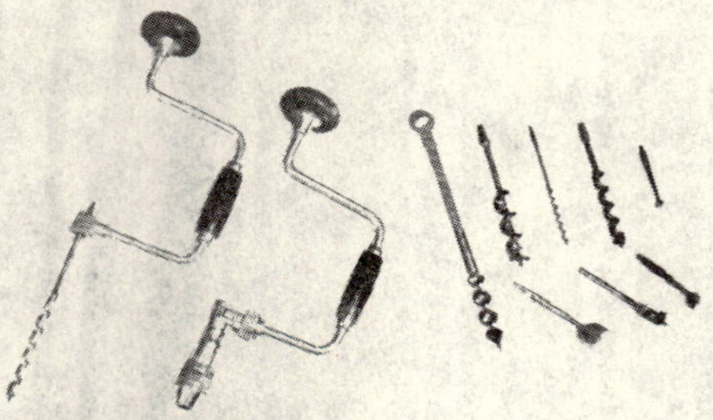

图 3—36　手摇钻和不同规格的钻头

（2）手提电钻（见图 3—37）。手提电钻用电力带动，用途与手摇钻相同，钻孔方便省力。普通手提电钻可配 12 mm 以下的直柄麻花钻头。手提电钻的使用如图 3—38 所示。

（3）台钻（见图 3—39）。台钻的工作台位固定，可用于钻出不同直径的精确孔。台钻的使用如图 3—40 所示。

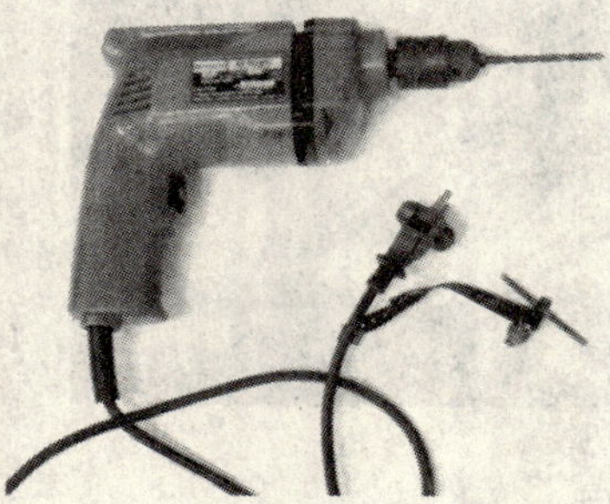

图 3—37　手提电钻

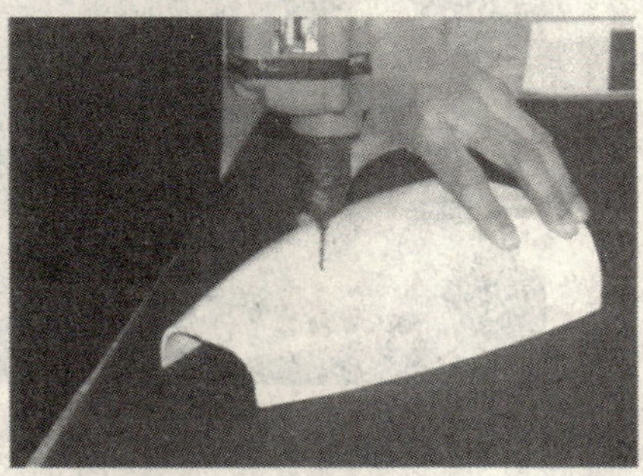

图 3—38　手提电钻的使用

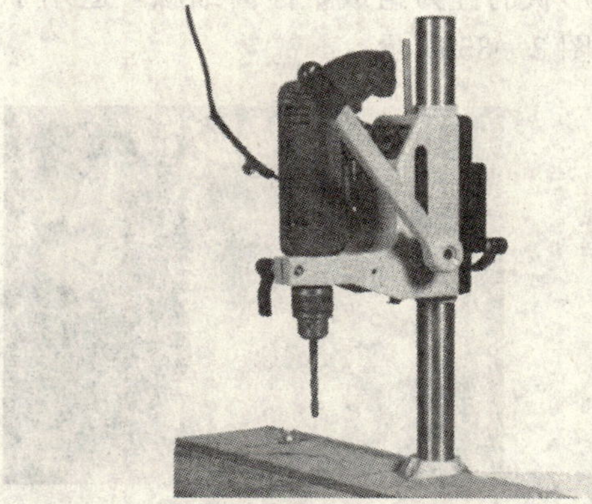

图 3—39　台钻

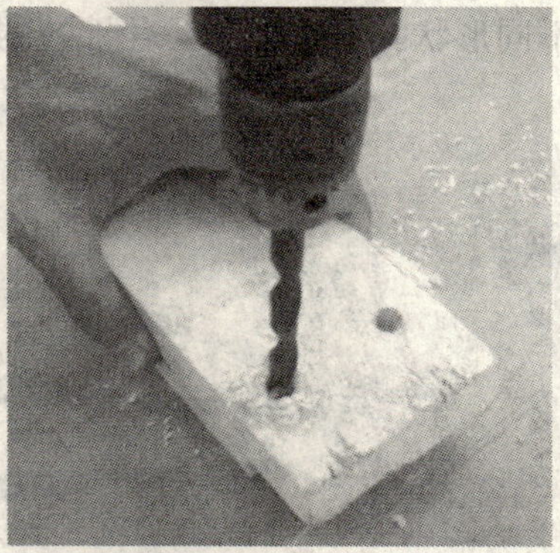

图 3—40　台钻的使用

3.1.3 屈折工具及其使用

在模型制作中运用屈折工具及技术，可以改变材料的形状，无需粘结就可塑造圆柱体、锥体、方体、三角体等形状。

1. 纸张屈折

纸张屈折的工具十分简单，一般只需钢尺、美工刀和屈折辅助物（如圆筒等）。屈折时可先将图形绘在纸上，然后用美工刀轻轻在纸上刻划所需屈折的线条，即可屈折。屈折薄纸时可反转美工刀、用刀背轻画折线；屈折厚纸时可在折线上刻划“V”字槽。把刻划好的纸放在一平整桌面的直边上（如桌子的直边），使划痕朝下，对齐直边边缘，上面压上尺子，就可以顺着划痕进行弯折，如图 3—41 所示。

在弯折小纸片的时候，在纸的转角处的两个端点上，会因产生的变形而引起两端轻微折皱，如图 3—42 所示。为了避免这种情况出现，可以在实际所需要的尺寸基础上，留出比需要尺寸稍大一点的划刻余量，弯折后再切掉两边多余的部分。

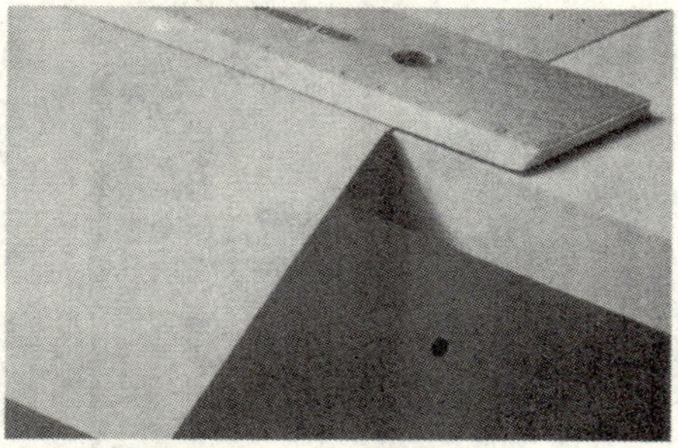

图 3—41　用直尺对齐需弯折的边线

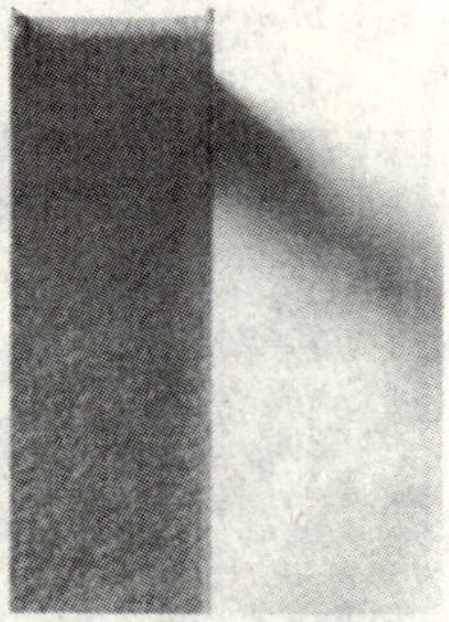

图 3—42　被弯折的纸片的两端引起折皱

2. 塑料的屈折

建筑模型中的各种塑料、橡胶、有机玻璃板材，要制作圆形幕墙和墙面造型，一般都需屈折材料。屈折塑料一般都需要加热，重要的是要慢慢地、非常小心地进行，不要扭伤了材料，要等到材料加热到足够温度时，才能进行操作。但不能过热，否则会产生气孔，使材料组织疏松。

图 3—43　热风机

(1) 塑料板材屈折。屈折时，让板材比所需的尺寸稍大一些，屈折好板材后，切割板材，以达到最好的屈折效果。屈折的工具是热风机（见图 3—43）和一些屈折辅助物。

屈折前，做一个两个面相交形成的角的模具，如板材厚度小于 2 mm，可用泡沫芯做成相应的角度模具；对于较厚的塑料板材，用中密度纤维板和坚硬的木材做凸模具，不需凹模具。

在热风机的嘴上加装一宽口喷嘴，用两块胶合板遮蔽塑料板材上不需屈折的部位，在两块板间窄槽处集中加热，只加热屈折的部位，如图 3—44a 所示。将加热好的板材放置在形成角的模具上，注意加热的部位在屈折处，进行简单的屈折，如图 3—44b 所示。屈折后的形状如图 3—44c 所示。

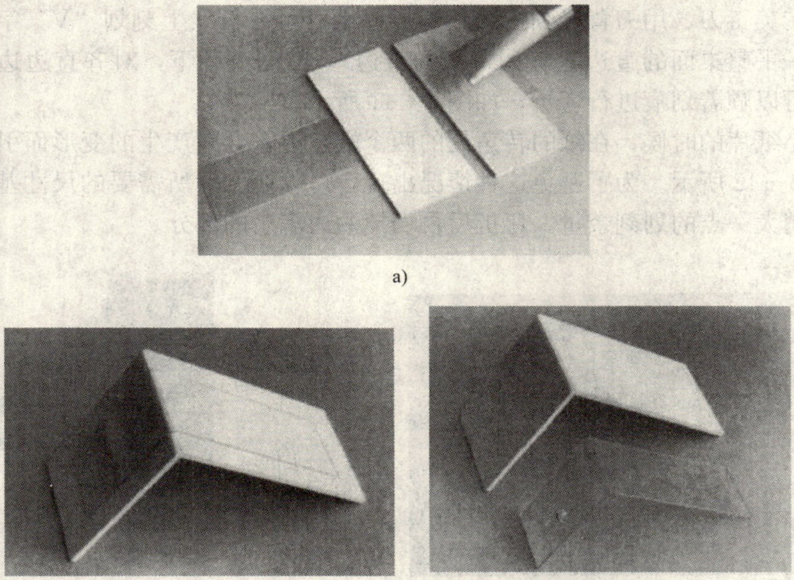

a)

b) c)

图 3—44 板材的简单屈折

a）对板材屈折部位加热 b）将加热好的板材在模具上屈折 c）屈折后的形状

可用凸模和凹模进行塑料板材的屈折，如图 3—45 所示。采用中密度纤维板制成凸模和凹模，模具之间应该留出要屈折的余量。余量是凸模和凹模之间要放置塑料板材的量，相当于塑料板材厚度的多余空间，这样才能保证屈折板材的形状和尺寸正确。

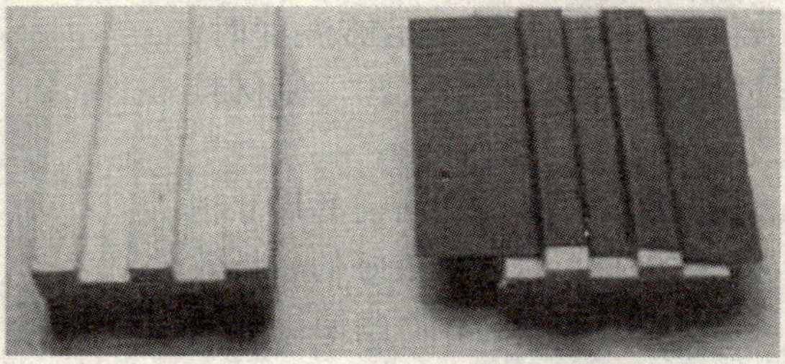

图 3—45 凸模和凹模屈折的板材

（2）塑料棒材屈折。屈折棒材时要使用一定的模具配合成型，如图 3—46a 所示。切割棒材要留有余量，需比成型后的用料长一些，有利于屈折成型。

模具可用木材、胶合板来制作模型的内模和外模，也可以采用现成的塑料棒材，利用棒材可以完美地产生新的曲线形状。

在棒材上标出所要屈折曲线起始的位置，用胶带遮蔽保护不需要屈折的部分。胶带可保护棒材的直线部分不易受热。

用热风机加热屈折部分时，不要过热，不要让热风机离棒材表面太近，加热时应不断旋转棒材。只有棒材受热均匀，长度足够，才能保证有足够长的时间和温度，来细致、准确地完成屈折操作，使棒材获得所需要的形状，如图 3—46a、b 所示。

a)

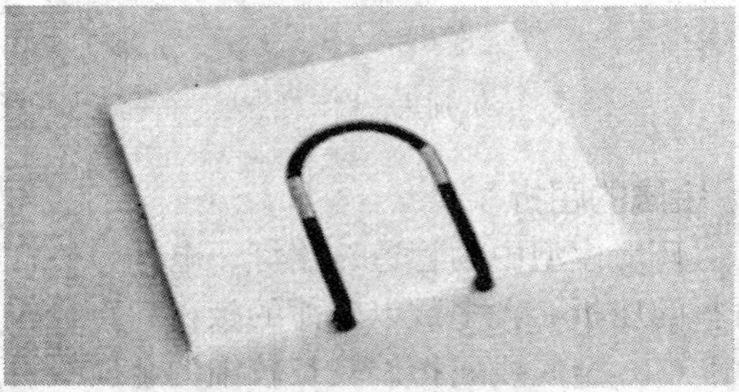

b)

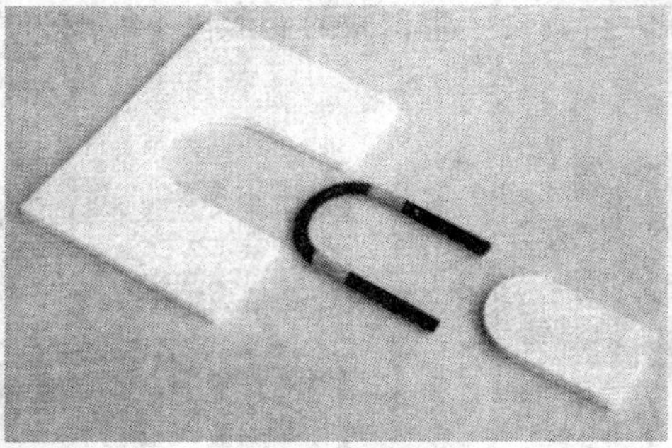

c)

图 3—46　屈折棒材

a）屈折棒材使用的模具　b）加热的棒材在模具中成型

c）成型后的棒材冷却后，从模具中取出

（3）塑料管材屈折。屈折管材的过程类似于屈折棒材的过程，不过模具必须用具有一定强度的胶合板或坚硬的木材做成。成型用具中必须使用多块板组成，如基板、凸模、凹模和顶板。将基板与模具的凸模和凹模放置好，如图 3—47a 所示。模具的凸模和凹模厚度必须与管材的直径相等。为使各段之间形状过渡光滑，将管材推向模具时需要借助顶板来完成这种光滑过渡的成型，如图 3—47b 所示。

a)

b)

图 3—47　管材屈折

a）加热管材，注意模具的基板和顶板　b）管材封闭在模具中，用顶板推到位

3. 金属的屈折

环境模型中的管道、路灯、电杆、栏杆等金属片、管、杆的制作均需弯折屈曲。金属材料的屈折，大多数以较薄的板材、直径较小的棒材、各种直径较小的管材为对象。

（1）金属线屈折。较长较细的金属线可用钳子进行屈折。用钳子夹住要屈折的金属线的一端，为使金属线屈折后有清晰的轮廓，可将金属线的一端压向一个坚硬的、平整的表面，而不用手去握着另一端，否则会产生稍微的变形，不能成为直线屈折的角。屈折的方式和成品如图 3—48 所示。

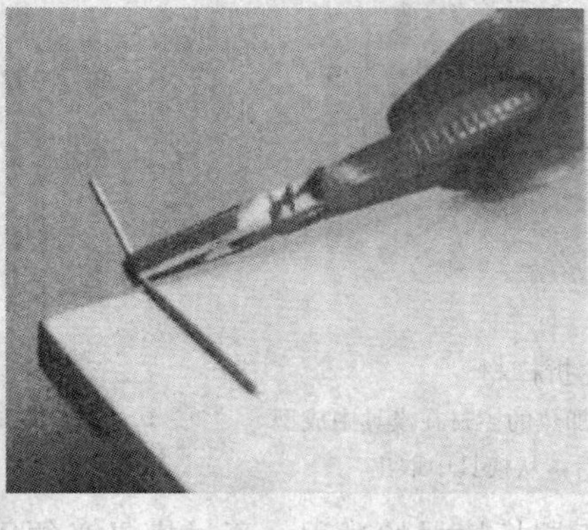

a)

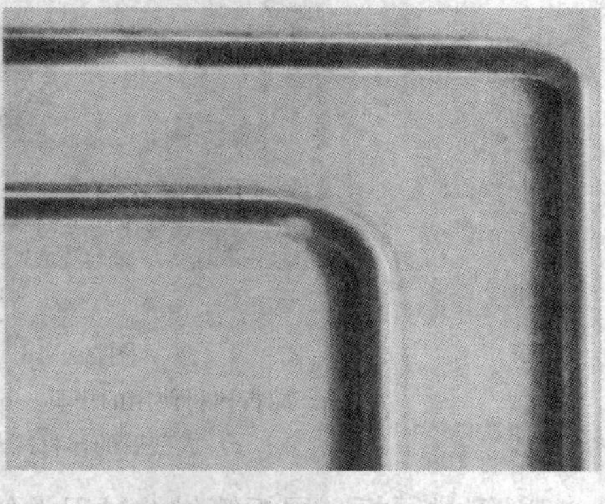

b)

图 3—48　用钳子进行金属线屈折

a）用钳子进行屈折　b）用钳子进行屈折的成品

（2）金属棒材弯曲。对于较短粗的金属棒材，弯曲的方法是将要弯曲的棒材在台虎钳口上夹持紧固，再用锤子锤击，弯曲成所需的形状，如图 3—49 所示。

a)　　b)　　c)

图 3—49　金属棒材的弯曲

a）步骤一　b）步骤二　c）步骤三

（3）金属管材弯曲。弯曲金属管材需要专门的设备和技术，也可以自己动手弯曲直径在 8 mm 以下的黄铜管和铝管，选用管壁较厚（0.8～1 mm）的管材。

对管材弯曲经常碰到的问题是在没有专门设备的情况下，管材弯曲部分会变成椭圆形，弯曲的截面比原来的截面要宽，这种不期望的效果可通过专门制作的模具来校正。校正用的模具及其使用如图 3—50 所示。

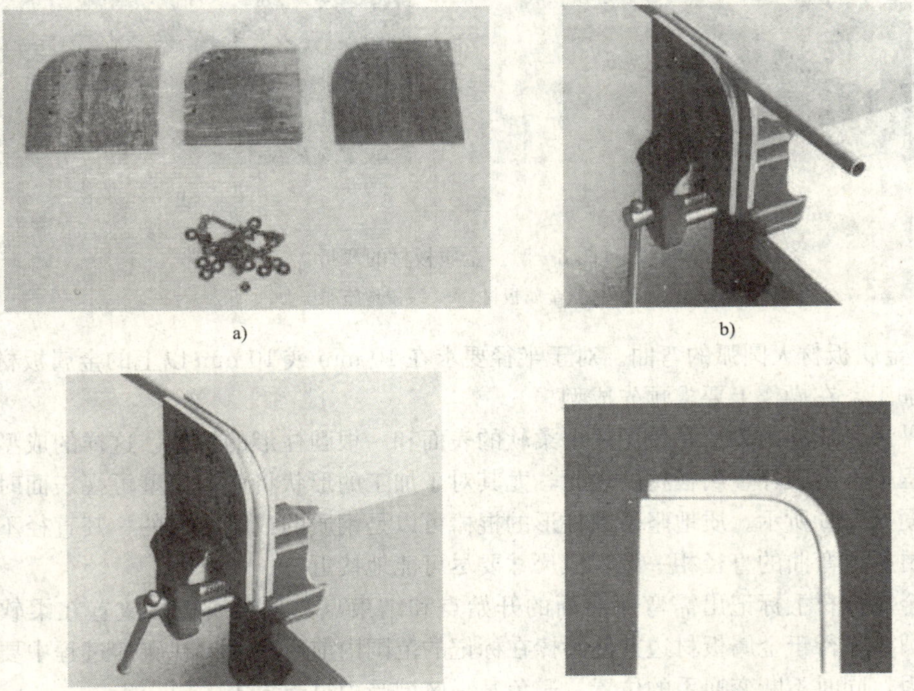

a)　　b)　　c)　　d)

图 3—50　金属管材的弯曲

a）制作弯曲用的模具　b）将管料放到模具的凹槽中

c）进行弯曲　d）检查弯曲的角度

(4) 金属板材的弯折和弯曲

1）金属板材的弯折。将要弯折的金属板材放在两块胶合板或硬木之间，其宽度要比弯折的板材略宽。如果弯折带有圆弧，木材的边缘也必须有圆弧，以便匹配。

在台虎钳上以木材—金属—木材的方式夹紧板材，如图 3—51a 所示。如果装配后的长度超过台虎钳夹紧宽度的 3 倍，则要给木材—金属—木材的每个端部加个 C 形夹，以保证夹紧。

用一块硬木或厚的胶合板，慢慢地向伸出木板的金属板的部分加压，如图 3—51b 所示。对较厚的板材进行弯折时，可以用锤子轻轻地敲击，以施加更大的力。但不要直接敲击在金属板上，在锤子和金属板之间垫一块木块。注意缓慢施加压力非常重要，以免撕裂金属板。

a）

b）

图 3—51　金属板材的弯折

a）夹紧金属板材　b）缓慢地施加压力

2）金属板材大圆弧的弯曲。对于半径要求在 10 mm 或 10 mm 以上的金属板材进行圆弧成型加工，在操作上要求预先成型。

一种预先成型的方法是使用一个柔软的表面和一根圆柱形的棍棒，这样的成型工具在操作过程中不会破坏金属板材的表面，尤其对于加工的形状将作为模型可视表面时非常适合，如图 3—52 所示。质地坚硬圆柱形的棍棒可以是钢质的或是木质的，其直径不需要和金属板材所要弯曲的直径相一致，但尺寸要尽可能地接近。

在金属板材上标记出需弯曲曲面的开始点和结束点，将金属板材放置在柔软的平面上，将圆棒平行于金属板材边并使圆棒在标记的范围内前后滚碾。在碾的过程中要施加一定的压力，同时不断变换手的位置，避免某一区域受力过于集中。

这些金属板材的预成型方法所形成的形态，如果没有某种形式的支撑，其形态是不会长久地保持下去的。对于小型的模型，可以采用将金属板材的边缘折起来的办法，或与模型的其他部分粘结在一起，如图 3—53 所示。

图 3—52　金属板材放置在柔软面上，圆棒在上滚碾

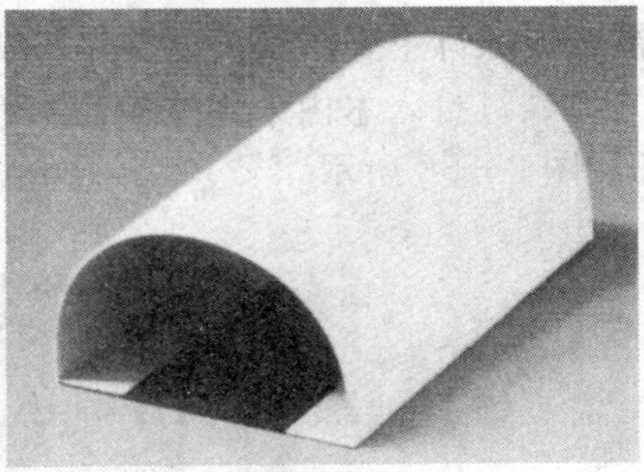

图 3—53　将金属板材的边缘折起

3. 1. 4　接合工具与接合技术

建筑与环境模型的零部件组合需要有一定的接合工具、材料与技术，如沙盘底座的组合需要用铁锤、铁钉、螺钉等，建筑物骨架与墙面的组合需要用各种黏合剂等。

1. 固定和夹持类工具

夹具是装在工作台上，用于夹持需切割和修整的工件的工具。对于精细的加工，应避免用手持工件进行切割或锉削。

在模型粘结、装配过程中，模型的不同部分必须用夹具固定在一起才能进行作业。常用的夹具有台虎钳、C 形夹等。台虎钳由固定钳身、活动钳身、砧座、底盘、钳口、丝杆、手柄组成，如图 3—54 所示。不同型号的 C 形夹如图 3—55 所示，可用于模型不同部分的固定，能保持加工和上胶时，模型的尺寸精度和表面整洁。

图 3—54　台虎钳

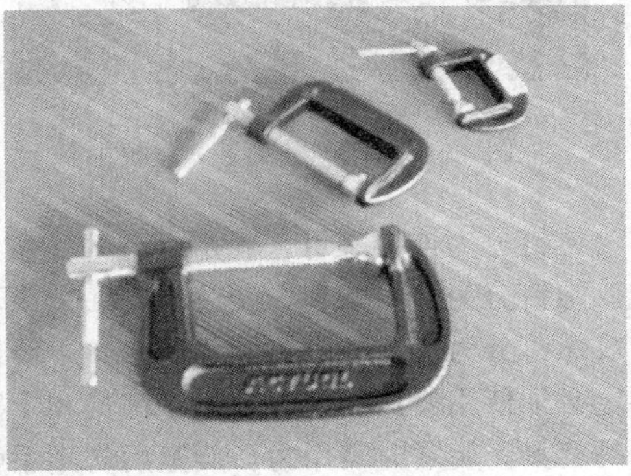

图 3—55　各种型号的 C 形夹

2. 铁钉与螺钉连接

铁钉与螺钉主要用于模型制作中沙盘木料与电器材料的接合。常用的气枪钉是用压缩空气将铁钉打入木内来连接沙盘木料框架。气枪、气枪钉及其的使用如图 3—56、图 3—57和图 3—58 所示。

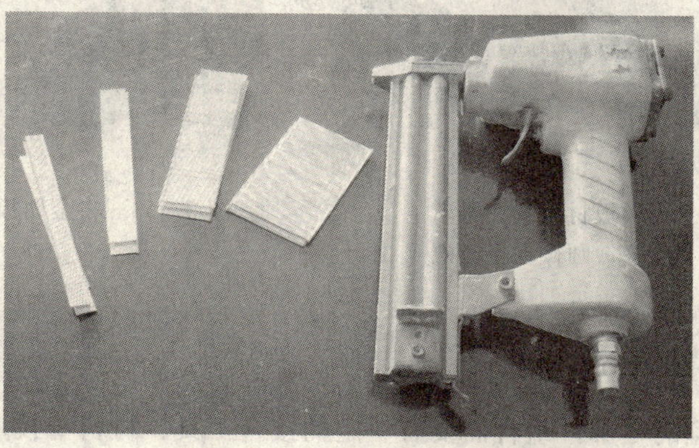

图 3—56　气枪和气枪钉

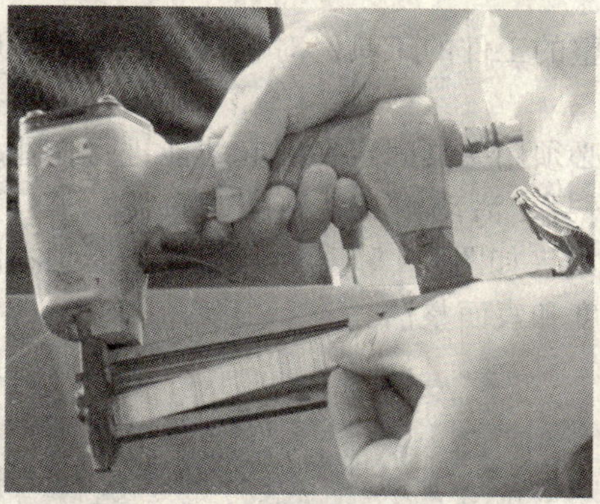

图 3—57　将气枪钉装入气枪中

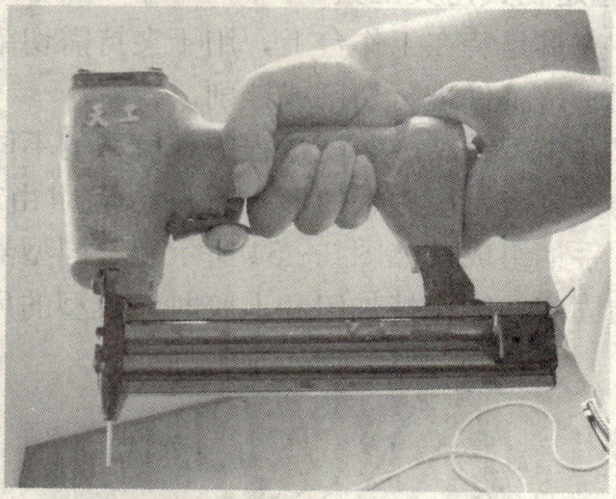

图 3—58　用压缩空气将铁钉射出

螺钉分为连接螺钉、固定螺钉等，主要用于模型沙盘与电器材料中的金属配件的固定。螺钉分为自攻螺钉（见图 3—59）、干墙钉（见图 3—60）、六角螺栓（见图 3—61）。自攻螺钉分为沉头螺钉和圆头螺钉。干墙钉分为十字头钉和一字头钉。自攻螺钉和干墙钉固定必须使用旋具。旋具分一字旋具和十字旋具两种，使用时应根据螺钉的不同，选择适当的旋具。旋紧时需用力，旋紧后勿用手触摸，以免被利口弄伤。螺栓用扳手拧紧，螺栓连接需要先打导孔。

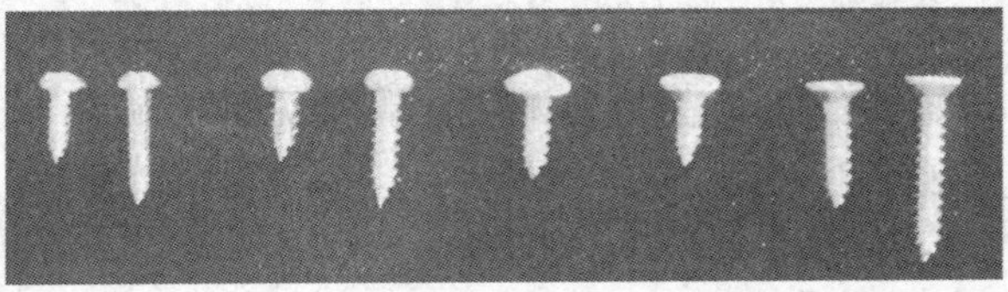

图 3—59　自攻螺钉

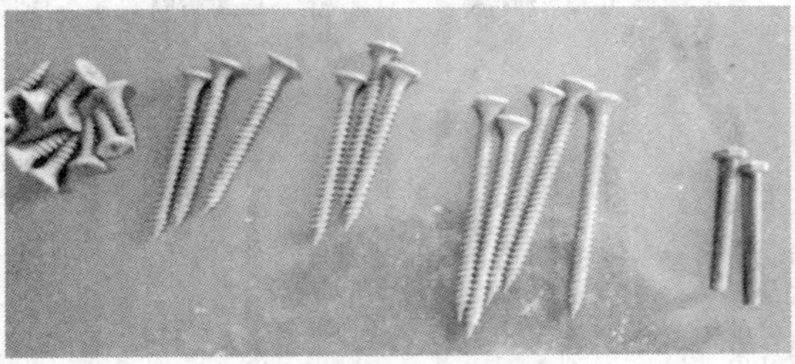

图 3—60　干墙钉

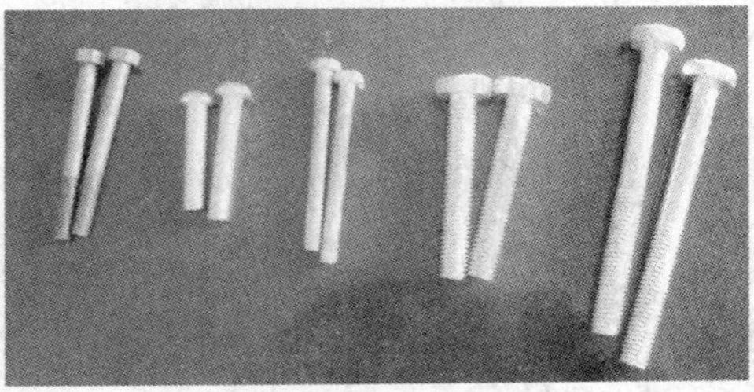

图 3—61　六角螺栓

3. 焊接工具与技术

在制作栏杆、电杆、铁塔等模型工件时，需使用电烙铁（见图 3—62），或使用电焊机焊接。电烙铁焊接要求工件干净，操作时先涂上焊锡膏，然后在两个焊件待焊处上锡，最后焊牢，如图 3—63 所示。在制作沙盘的不锈钢支架、面罩时还要运用电焊技术。电焊要用电焊机、电焊钳和电焊条。焊接过程中不要出现裂纹、气孔和夹渣。电焊机的使用如图 3—64 所示。

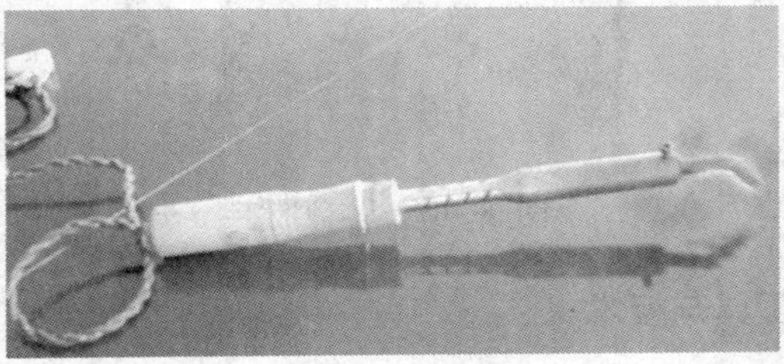

图 3—62　电烙铁

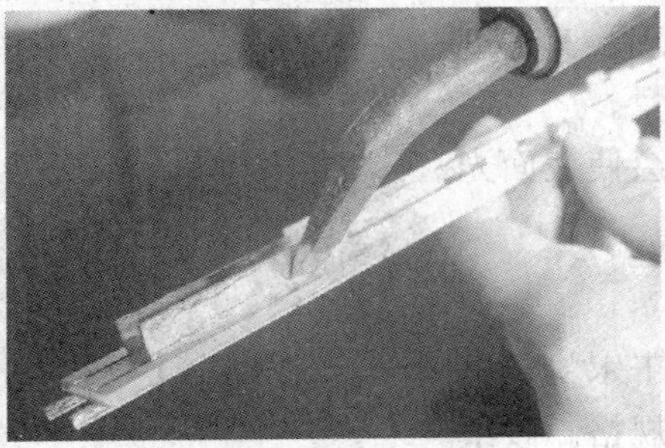

图 3—63　电烙铁的应用

图 3—64　电焊机的使用

4. 装配工具

用于紧固或松、卸螺栓的工具称为装配工具。常见的有旋具（见图 3—65）、钢丝钳（见图 3—66）、扳手（见图 3—67）等。

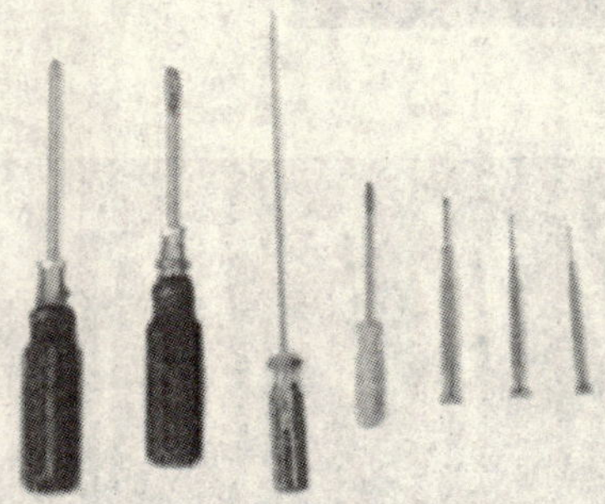

图 3—65　各种旋具

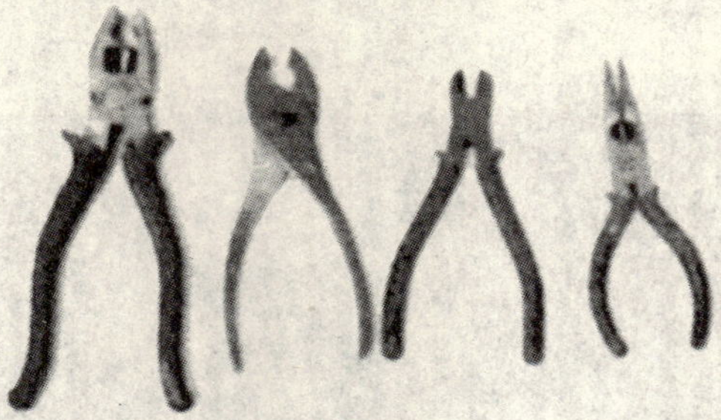

图 3—66　各种钢丝钳

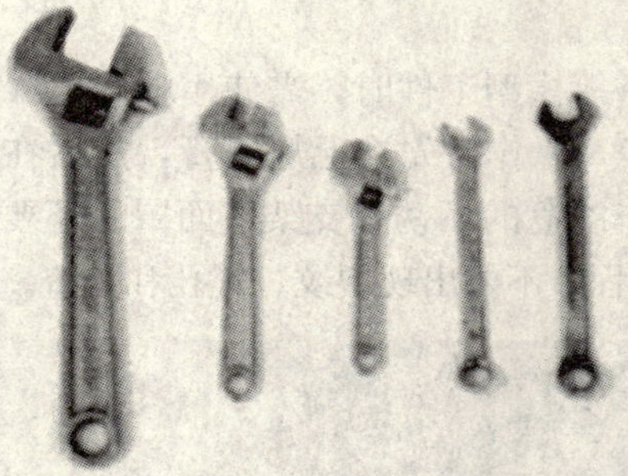

图 3—67　各种扳手

3.1.5　模型表面打磨工具与技术

在模型制作中，对木料、塑料和金属材料的表面必须进行适当处理，使之有较整洁美观的外观色彩和质感效果。打磨是模型制作过程中非常重要的精细基础性环节。在模型制作中，无论是粘结或是喷色前都要进行打磨处理。其精度直接影响到模型完成后的视觉效果及模型的质量。

凡塑料、木质和金属材料大都需打磨后才会使表面光滑，主要的打磨工具是砂纸和打磨机。

1. 砂纸

砂纸分木砂纸、砂布和水磨砂纸，分别用于木料、金属和塑胶的打磨。根据粗糙程度分为粗细多种规格。砂纸（见图 3—68）打磨的方法如图 3—69 所示。可用双面胶

图 3—68　各种型号的砂纸

或粘结剂将砂纸粘贴在木块上，制成相应形状的打磨块，如图 3—70 所示。打磨块可在打磨时得到形状准确的、光滑的表面。

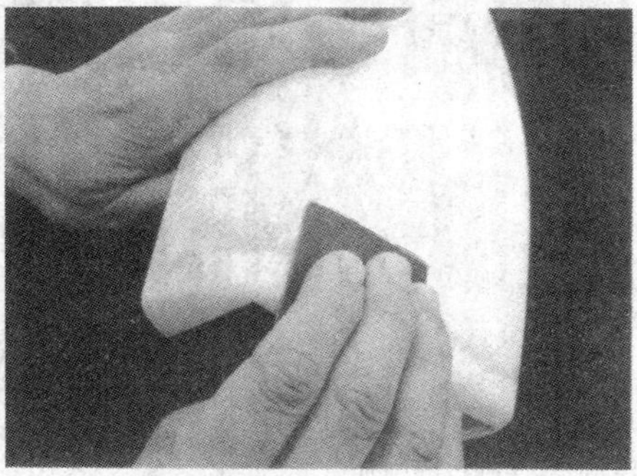

图 3—69　用砂纸打磨

图 3—70　自制打磨块

2. 电动打磨机和抛光机

电动打磨机如图 3—71 所示，是用机械振动的方法，带动安装在打磨机底部的砂纸做快速前后运动，对加工件的表面进行打磨和砂光。是一种快速、便捷的表面加工工具。

电动抛光机的工作原理与台式电钻和电动砂轮机一样，装有布轮，主要用于抛光模型的表面。抛光模型工件时可涂少量上光剂（又称擦亮剂），边磨边擦，效果会更好，如图3—72所示。

图 3—71　电动打磨机

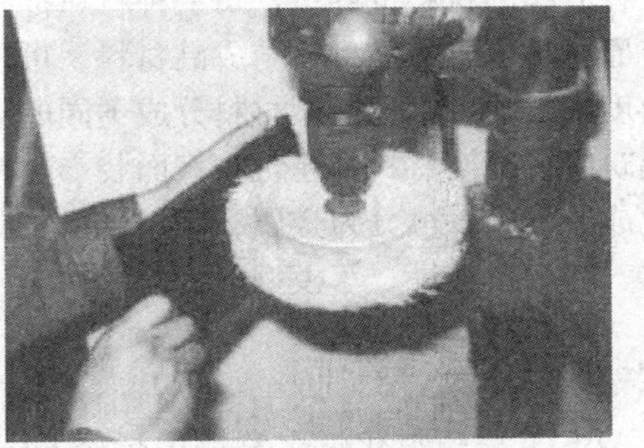

图 3—72　电动抛光机

3. 砂轮机

小型台式砂轮机可打磨多种材料，主要用于对模型的粗加工。砂轮机用于对模型工件的局部进行磨削，使其达到所要求的尺寸及形状，是模型制作加工中常用的工具。台式砂轮机及其使用如图 3—73 所示。

a)

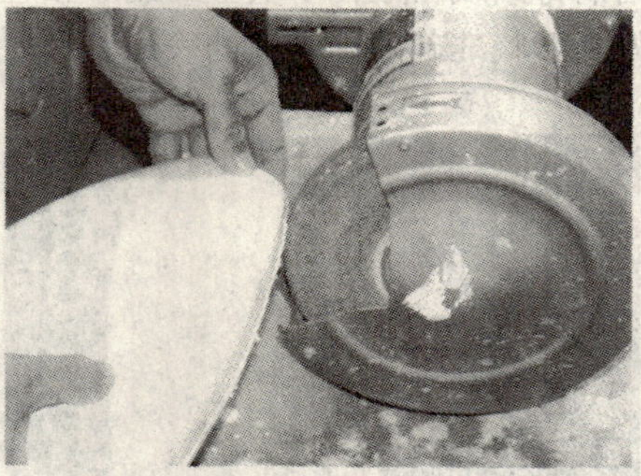

b)

图 3—73　砂轮机

a）台式砂轮机　b）用台式砂轮机对塑料件进行磨削加工

3.2　常用模型材料

建筑与环境模型，最终是以具体的材料构成的。模型的制作，是以材料的收集、购置、成型与加工手段为依据的。

制作模型的历史源远流长。远古时代，在古人绘制壁画的同时，模型也随之诞生了。最初的模型材料局限于黏土、树枝等自然材料。随着时代的进步，模型材料也不断发展。近代，石膏、陶土、木材、铁皮等都是制作模型的主要材料。现代模型采用了大量的先进材料。现代建筑与环境模型的表现成果，均由材料的先进与合理利用而构成。因此，表现具有时代特征的模型，无一例外地应该掌握和开发、利用新的材料。

在浩瀚的材料世界里，每一种材料都有不同的特性和用途。建筑与环境模型所用的材料有原材料、半成品材料与成品材料。可以用于建筑与环境模型的原材料很多，人们从不同角度出发，可以把模型材料分成不同的类别。如果从模型材料的使用特性分类，通常分为建筑结构框架材料、建筑物表面装饰材料、环境装饰材料、底盘材料等；如果按材料的理化成分分类，可分为金属、塑料、纸张、木料、涂料、胶粘剂等。半成品与成品材料有人体、树、桥、亭、车模型等。

3.2.1　ABS 工程塑料

ABS 工程塑料化学名称是丙烯腈-丁二烯-苯乙烯共聚物，英文名称是 Acrylonitrile Butadiene Styrene。

ABS 工程塑料一般是不透明的，外观呈浅象牙色，无毒、无味，兼有韧、硬、刚的特性。ABS 工程塑料具有优良的综合性能，有极好的冲击强度、尺寸稳定性、电性能、耐磨性、抗化学药品性、染色性，成型加工和机械加工性能较好。缺点是热变形温度较低，可燃。

在模型制作中，ABS 工程塑料是最常用的材料，用于各类建筑单体、复杂建筑构件及工业产品模型制作等。ABS 工程塑料，材质挺括、细腻；ABS 板材经划线、切割后，可以采用溶剂粘结成型，也可以采用热成型，还可以进行车、铣、刨、钻、锯等机械加工成型；有较好的着色性，表面经打磨或抛光后，喷漆效果好，也可以进行丝网印刷、喷绘、电镀加工；利用其在 78～85℃热变形的特性，可以通过热加工制作各种曲面、弧面、球面的造型。

该材料有各种规格的板材、管材和棒材。常用的规格：板材厚度为 0.3～100 mm；棒材的直径为 0.5～100 mm；管材的孔径为 2～80 mm。是现今流行的手工及电脑雕刻加工制作墙面的主要材料。各种不同类型和规格的 ABS 材料如图 3—74 所示。

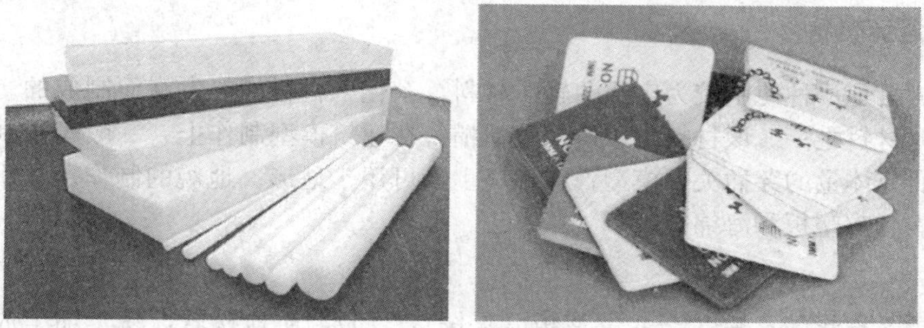

图 3—74　各种不同类型和规格的 ABS 材料

3.2.2　有机玻璃

有机玻璃是亚克力的俗称，化学名是纯聚甲基丙烯酸甲酯（PMMA），英文名称是 Acrylic，比重 1.18～1.19 g/cm^3。

有机玻璃的特点是透明度高，宛如水晶，有“塑料皇后”之美誉。其产品有板材、管材等，加上各种着色剂，可以做成五颜六色、珠光、荧光、夜光等各种制品。透明有机玻璃常用于制作模型玻璃罩，一般视模型大小选择其厚度。小模型（面积 1 m^2 以下）宜用 3～5 mm厚的，中模型（面积 1～2 m^2）宜用 5～6 mm 厚的，大模型（面积 3～8 m^2）宜用8～10 mm厚的，对特大模型就要考虑用 12 mm 厚的或采用其他形式制作罩子。有色透明有机玻璃，如茶色、蓝色、绿色等常用来制作建筑骨架及玻璃门窗，反面贴上汽车专用膜，可以模拟玻璃幕墙，制作的幕墙大楼模型非常逼真。珠光、荧光及其他有色有机玻璃常用来制作建筑屋顶、地坪、路面、阳台以及装饰雕塑、园林小品等。

图 3—75　各种规格的有机玻璃板材

常用的有机玻璃品种为各种颜色、厚度的板材，如图 3—75 所示，以及各种直径规格的棒材和管材。

有机玻璃材料质地细腻、挺括，可采用溶剂粘结成型，也可进行车、铣、刨、钻、锯等机械加工成型；还可以通过热加工制作各种曲面、弧面、球面等造型。喷涂漆、丙烯颜料等容易着色，制作出来的模型精致、美观。

有机玻璃材料表面硬度低，容易被划伤，性脆易碎，耐热性不高。

3.2.3 聚氯乙烯

聚氯乙烯又称 PVC 塑料，分软质与硬质两类。硬质聚氯乙烯坚硬，机械强度好，易染色，但十分容易老化。软质聚氯乙烯的成品有彩色花纹胶质地板、墙纸、电线套管、泡沫 PVC 等，可以用于模型中的建筑墙面装饰，水管、油管管线布置，路面、地坪装饰等。

3.2.4 泡沫材料

泡沫材料是一种使用较为广泛的轻质材料，系化工材料加热发泡而制成的。它是制作模型常用的材料之一。该材料由于质地较粗糙，在建筑模型制作上，一般用于制作方案构成模型、研究体量的穿插关系模型；在环境上，可用于地形、地貌的制作。常用的泡沫材料有泡沫板、吹塑板和海绵等。

1. 泡沫板

泡沫板又称聚苯乙烯（PS）发泡板（见图 3—76），质地松软，易于加工成型，稳定性好，又便于着色，可以与任何颜色及涂料混合，便于制作和粘结，是制作结构性的工作模型以及制作山地、地貌和林带的极好材料。泡沫板质地有紧有松，可根据自己的需要向供应商提出要求。一般制作模型用的泡沫板要求质地较紧，掰开板材看不出颗粒，这样加工起来不容易散落。

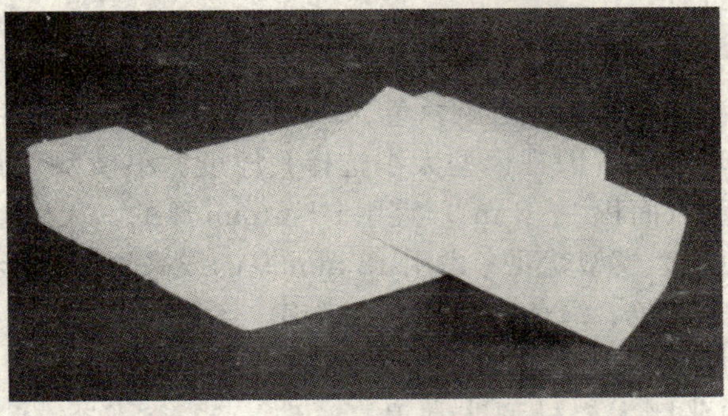

图 3—76　聚苯乙烯泡沫板

2. 吹塑板

吹塑板又称 EPS 发泡胶板，具有良好的表面光泽，色泽柔和丰富，易于加工成型，比较经济，是传统建筑模型中制作房屋、路面、台阶、山地等高线、梯田等的合适材料。由于价格低廉、色彩丰富，常用于课堂教学中制作各类建筑模型。

3. 海绵

海绵疏松多孔、柔软而富有弹性。经喷涂、浸泡和破碎处理后可制作树球、花粉和林带等。海绵分粗细孔。粗孔海绵一般用来制作树叶模型，细孔海绵粉碎后可制作大面积的绿化草坪等。

4. 聚氨酯发泡板

聚氨酯发泡板又称 PU 发泡板，如图 3—77 所示，根据密度分为若干等级。聚氨酯发泡板属于硬发泡板，容易切削，可用来制作各类造型，尤其是多曲面的园林小品等。

图 3—77　聚氨酯发泡板

3.2.5　木质材料

木料是制作木质建筑模型和底盘的主要材料，加工容易，造价便宜，天然的木纹和人工板材的纹理都有良好的装饰效果，如图 3—78 所示。通常将木料分为硬木、软木、夹板和装饰板材四类。制作模型的木材大多数可在建材市场或专业的模型商店购买到，而且木材的种类、尺寸和规格基本能满足模型制作的需要。各种规格的木质材料如图 3—79、图 3—80 和图 3—81 所示。

图 3—78　木材的纹理和色泽

图 3—79　各种规格的木板

1. 硬木

枫木、橡木、柚木等杂木的材质一般较硬，适合制作模型底盘的木框架。硬木的加工主要靠凿眼开榫，用凹凸方式和胶黏剂相接，不宜用钉。硬木的纹理较好，抗弯力强，不易劈裂。成品材料有各种规格的木方、木板及装饰木线。

2. 软木

松木、杉木等针叶树木的材质较软，适合制作小模型底盘的木框架。软木可以用钉直接相接，易于加工。常见的成品材料有各种规格的木方、天花方和木板。

图 3—80　各种规格的木条

图 3—81　各种规格的胶合板、棒材

3. 夹板

夹板是利用原木或木材加工废料等人工合成的材料，有 3 mm、4 mm、5 mm、9 mm、12 mm、15 mm、18 mm 等多种厚度规格，面积一般为 2 440 mm×1 220 mm。夹板齐平无缝，耐磨、耐水、耐热性能较好，不易开裂、收缩和翘曲，木纹肌理美观，适合制作模型底盘的平面。

4. 装饰板材

装饰板材包括宝丽板、防火板、岗纹板、薄木贴面装饰板、塑料贴面装饰板等。这类装饰板表面坚硬，能防磨损与化学腐蚀，耐火灼、耐烫，常用于装饰模型底盘四边、装饰路面等。岗纹板还可以制作花岗石地坪、墙裙、台阶等。装饰板材的加工可以用钩刀、美工刀切割折叠，与夹板或木料粘贴可使用万能胶（立时得）或 309 胶水。粘贴前先将粘结表面除尘，然后均匀涂刮胶水，待两粘结表面稍干后（15 min 左右）再压贴。

3.2.6　树脂材料

树脂有天然树脂和合成树脂之分。天然树脂是指由自然界中动植物分泌物所得的无定形有机物质，如松香、琥珀、虫胶等。合成树脂是指由简单有机物经化学合成或某些天然产物经化学反应而得到的树脂产物。合成树脂可按树脂合成反应分类，也可按树脂分子主链组成分类。

环氧树脂泛指分子中含有两个或两个以上环氧基团的有机高分子化合物。环氧树脂的性能和特性主要有以下几方面。

1. 形式多样

各种树脂、固化剂、改性剂体系可以适应各种应用形式的要求，其范围可以从极低的黏度到高熔点固体。

2. 固化方便

选用各种不同的固化剂，环氧树脂体系可以在 0～180℃温度范围内固化。

3. 物理性能优良

黏附力强，收缩性低，优良的力学性能，优良的绝缘性能，突出的尺寸稳定性和耐久性。

环氧树脂一般和添加物同时使用，以获得较高的应用价值。添加物可按不同用途加以选择，常用的添加物有：固化剂、改性剂、填料、稀释剂等。

从用途上选择，作粘结剂时最好选用中等环氧值（0.25～0.45）的树脂，如6101、634；作浇注料时最好选用高环氧值（＞0.40）的树脂，如618、6101；作涂料用的一般选用低环氧值（＜0.25）的树脂，如601、604、607、609等。

常用于模型制作的环氧树脂，可塑性很强。倒模的模具使用石膏模、泥模、木模、钢模等均可。用它可以制作家具模型、汽车模型、雕塑模型、船舶模型、人物模型、桥梁模型、亭阁模型等。如在材料中添加玻璃纤维，便成了玻璃钢材料，使之更为坚固。用这种倒模材料制成的模型部件是土黄色的，经打磨后用自喷漆喷涂，便成为色泽鲜艳、细腻光滑的成品模型。

图3—82所示为用石膏阴模制作玻璃钢水勺模型的过程。

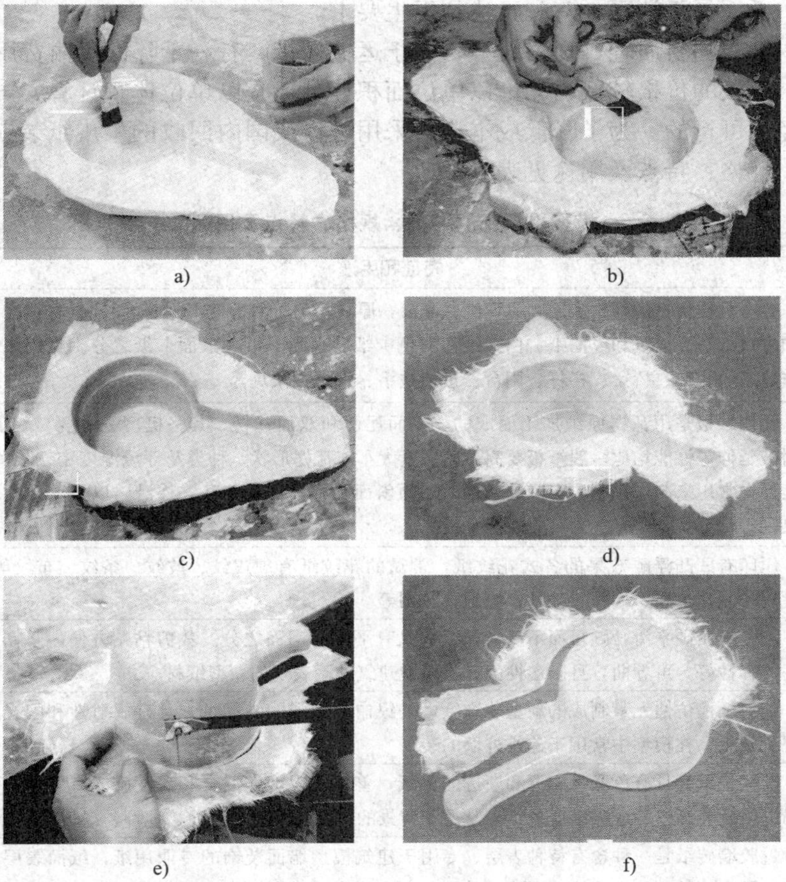

图3—82　用石膏阴模制作玻璃钢水勺模型的过程

a）将调制好的树脂液用毛刷涂在石膏阴模上　b）将玻璃纤维布剪成相应的形状铺贴在阴模上

c）铺贴涂刷完成后，放置通风处干燥　d）固化后，脱去石膏阴模得到玻璃钢坯模

e）用曲线锯锯除坯模的多余边角　f）制成的玻璃钢水勺的毛坯

3.2.7 纸张材料

纸张是建筑模型表现的重要材料。纸的基本原料是木浆，是采用植物纤维适当地加上胶料、填料、色料等，经过一系列加工过程而制成的。具有适合印刷的物理机械性能与化学性能。纸张的外观性能包括色度、平滑度、尺度、厚度、光洁度、尘埃度和纸病；机械性能包括抗张力、伸张率、耐折度、耐破度和撕裂度。选用纸张需要考虑上述性能。

纸张按其重量和厚度分为两类：厚度在0.1 mm以下、重量不大于200 g的称为纸；厚度在0.1 mm以上、重量大于200 g的称为纸板。用于模型表现的纸张的主要特性有以下几点。

（1）纸的可塑性很强。纸质松软，极易切割、粘结，加工非常方便。通过给表面以各种不同的压力，可以产生凹凸等变化，具有较强的立体效果。

（2）纸、纸板易于消毒，有利于达到卫生要求。

（3）纸、纸板的材质轻，规格统一，便于运输携带，有利于降低运输费用。

（4）纸、纸板的价格较低，无论以单位面积计算还是以单位体积计算，与其他材料相比，都是最经济可行的。为了降低成本，可采用进口或国内回收的牛皮纸袋制成。模型用纸张的种类、规格、特点及用途见表3—1。

表3—1　　模型用纸张的种类、规格、特点及用途

种类	特征和用途	规格
卡纸	具有品质优良的纤维表层，表面细腻光滑，厚薄均匀，耐折度不少于20次。有国产纸和进口纸、光面纸和纹面纸、白卡纸和颜色卡纸、水彩卡纸和双面卡纸之分。常用来制作建筑的骨架、桥梁、栏杆、阳台、楼梯扶手、组合式家具等	厚度一般为0.5～3 mm
瓦楞纸	瓦楞纸板是用瓦楞原纸加工而成的。单面瓦楞和双面瓦楞，其坚挺度、硬度、耐压、耐破延伸等性能均比一般纸板要高。其强度大小与瓦楞形状、种类及环境湿度密切相关。模型中常用来制作别墅和有民族风格的屋顶斜面瓦楞，如琉璃瓦、梯沿砖以及屋顶的隔热层等	
花纹纸	压印有凹凸浮雕效果的各式花纹纸，常见的花纹纸有虎皮纹、波纹、条纹、布纹等，可用来制作道路、墙面、地坪、绿地、花圃等	重量为100～300 g
刚古纸	刚古纸质硬平滑，顺目而不反光，纸面又有平面与网面之分。裁剪粘贴方便，坚韧度高，弹性好，可卷曲，且防湿性强，是模型建筑外墙表现的新型纸材	重量为115～280 g
镭射纸	镭射纸模仿镭元素制成的新型装饰纸，是银白色光泽的结晶纸，具有放射性和闪光的视觉效果。在模型中常用于建筑外墙的装饰	
渐变色纸	渐变色纸为具有色彩秩序调和渐进的色纸，善于表现烟雾混合和深度感。有各色明度渐进或色相渐进的成品渐变色纸。常用于背景的衬托和模型中墙面、地坪、绿地的装饰	
过胶墙砖纸	过胶墙砖纸是一种含有特种表层、专用于建筑模型墙面装饰的专业用纸，纸面表层印有不同比例的砖纹、石纹、瓦纹，并经过亚光或光胶印制处理，装饰效果逼真，目前在现代建筑模型中被广泛采用	
方眼描图纸	方眼描图纸是一种印有不同比例的方格的胶版或铜版纸，色泽有绿、灰、橙、蓝等多种，常用来表现模型中的广场地砖、屋顶平台地砖、道路人行道地砖	

续表

种类	特征和用途	规格
双面白纸泡沫胶板	双面白纸泡沫胶板是一种与泡沫胶板相同的新型材料，板面用白卡纸裱托，板芯是坚硬挺直的泡沫板，特别适用于建筑模型外墙与室内模型内隔墙的装饰	
植绒纸	植绒纸是在纸基上粘上一层均匀绒毛的装饰纸，有红、绿、灰、黄等多种色彩，用它可以在模型中制作地毯、草坪、球场、底座平面以及绿地等。有一种新型的植绒即时贴还自带不干胶，剪撕下来即可粘贴使用	
砂纸	木砂纸本来用于打磨材料，但在模型表现中，黄色木砂纸可以制作沙滩、球场、路面，甚至刻字贴在模型底盘上效果也不错	

纸张加工成型的方法十分简单，一般用剪、刻、切、挖、雕、折、叠、粘等方法均可。粘贴的材料最好使用白乳胶、双面胶或模型胶（PU胶）。图3—83、图3—84所示为纸质模型的实例。

图3—83　纸质模型（一）

图3—84　纸质模型（二）

3.2.8　金属材料

直接用于建筑与环境模型表现的金属材料不多，主要有不锈钢、铝合金和铜合金，并且常用于底盘及面罩的制作中。图3—85所示为各种金属型材。

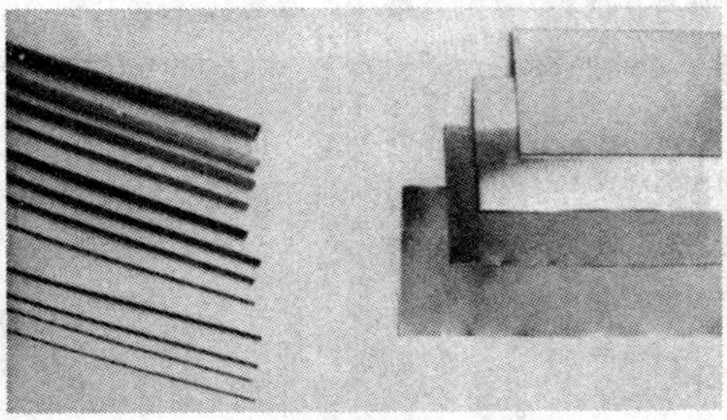

a)

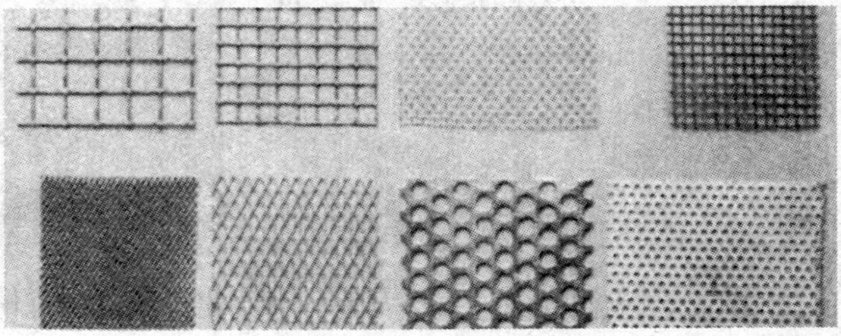

b)

图3—85　各种金属型材

a）金属板、管材　b）金属网材

1. 不锈钢

不锈钢材料品种很多，如不锈钢板（常用的有 0.3 mm、0.4 mm、0.6 mm、0.8 mm、1.0 mm、1.2 mm 等厚度）、不锈钢管（分方管与圆管）、不锈钢球等。一般小型模型底盘边可以用不锈钢角钢或槽钢包边装饰，中型模型底盘可用不锈钢扣板或扇形材料包边装饰，大型模型底盘可以用扇形材料作框、内贴不锈钢板包边装饰。大型模型的面罩也可以用不锈钢方管、圆管及钢球作骨架装饰。不锈钢材料一般不易生锈，但它只是在空气、水等弱介质中不生锈，如遇到酸类强腐蚀性的介质仍会生锈。因此，不锈钢材料在模型底盘加工时应采用烧（电）焊、打磨、抛（上）光的加工成型方法，而不能简单采用万能胶、玻璃胶固定成型。

2. 铝合金

在铝中加入一定数量的铜、镁、锰、锌等金属，可制成铝合金。铝合金质轻价廉，但其强度却可与钢材媲美，又无须作防锈处理，还可以作“氧化着色”处理，显现不同的颜色，如金黄色、青铜色等，铝合金材料的品种和用途，在中小型模型制作中与不锈钢材料差不多，只是其成本较低、加工成型容易。铝合金材料对酸、碱的抗蚀性极弱，不能使用玻璃胶粘结。

3. 其他金属材料

在一些特殊模型如油库模型、港口模型、桥梁模型中，还要用到其他金属材料。做油罐需用镀锌或镀锡薄钢板（俗称白铁皮或马口铁），做铁塔要用铜丝焊接，做桥梁要用细钢丝拉弦。有些特大型模型的底盘还需用角铁加固。铜丝焊接的模型如图 3—86 所示。

图 3—86　铜丝焊接模型效果

金属材料加工成型的方法一般分热加工和冷加工。热加工主要指铸造、锻造和焊接；冷加工主要指车、钳、刨、铣、钻、镗、磨等。不锈钢、铝合金材料硬度差异太大，一般前者宜用热加工，后者宜用冷加工。有些金属材料如白铁皮、马口铁等还需进行喷涂等表面处理。

3.2.9 表面装饰材料

1. 贴膜

贴膜一般是用来贴在汽车玻璃上。由于它具有透光性，又具有部分反光的效果，常被采用来贴在透明玻璃上，用以制作模型玻璃。缺点是不易贴平，且一段时间后容易脱落。

2. 及时贴、窗贴

及时贴、窗贴是应用非常广泛的一种展览展示性用材。该材料品种、规格、色彩十分丰富。主要用于道路、磨砂玻璃、施画道路分界线、水面、绿化及建筑方体的细部。该材料价格低廉，剪裁方便，单、双面覆胶，是一种表现力较强的建筑模型制作材料，缺点是粘结的耐久性不强，因为模型有时粘结面太小。及时贴及其装饰效果如图 3—87 和图3—88所示。

图 3—87 及时贴

图 3—88 及时贴的装饰效果

3.2.10 其他材料

1. 石膏

石膏英文名 Gypsum，是一种制作模型的传统材料。近代模型很多采用石膏为材料，目前模型制作中仍然用到石膏。石膏材料是白色粉末状，加水干燥后成为固体。石膏分很多等级，常用来塑造各种物体的造型。该材料的缺点是干燥时间较长，不易清洁，加工制作过程中物件易破损，加工后物体表面略显粗糙，而且制作大面积的山形时会偏重。

2. 纸黏土

这是一种用纸与陶土混合制成的泥胶，可塑性甚高，颜色雪白，容易着色，本身不用高温烧制，可自行风干成型，干后非常轻巧，不易破碎，适合模型表现中制作小雕塑以及具民族风格的建筑屋顶、屋宇、屋檐。常见的有青铜色、绿色、橙黄色、深棕色等不同色彩效果的纸黏土。

纸黏土是一种制作模型和配景环境的材料。该材料是由纸浆、纤维束、胶、水混合而成的白色泥状体。可用雕塑的手法把建筑物塑造出来。此外，由于该材料具有可塑性强、便于修改、干燥后较轻等特点，常用来制作山地的地形填充，有时在制作大比例的模型时也用来制作人物、动物等造型。但该材料的缺点是收缩率大。故在制作过程中，要避免尺度的误差。该材料在传统的产品模型和教学中偶尔会用到，在现代建筑模型中已很少使用。图 3—89 所示为用陶土制成的山地模型。

图 3—89　用陶土制成的山地模型

3. 标准成品材料和自制道具

标准成品材料是将原材料初加工为具有各种造型、各种尺度的成品材料。现在市场上出售的型材种类较多，按其用途可分为基本型材和成品型材。

基本型材主要包括角棒、半圆棒、圆棒、圆管、屋面瓦片、墙纸，主要用于建筑模型主体的制作。

成品型材主要包括围栏、标志、汽车、路灯、人物、家具、卫生洁具等，主要用于建筑模型配景及室内模型的制作。成品型材的样例如图 3—90、图 3—91、图 3—92、图 3—93和图 3—94 所示。

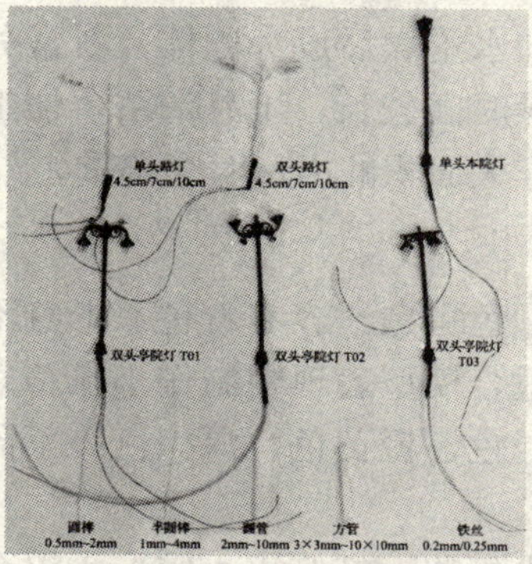

图 3—90　路灯模型成品

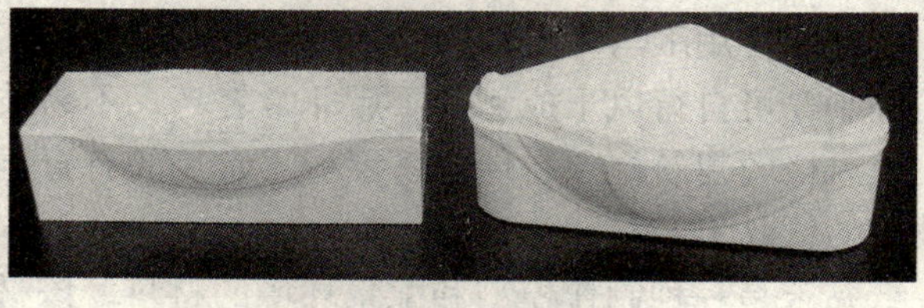

图 3—91　卫生洁具模型成品

图 3—92　家具模型成品

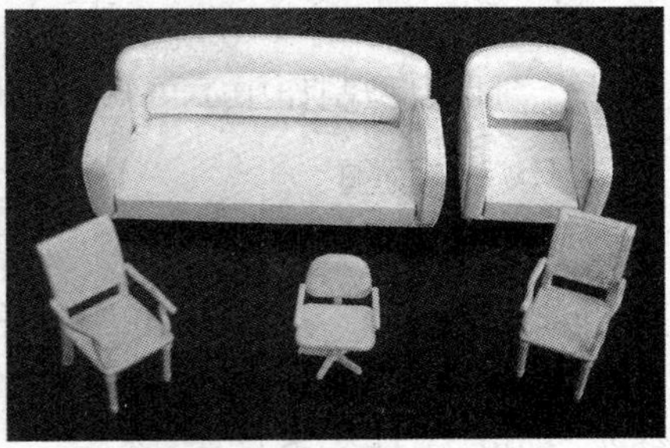

图 3—93　椅子、沙发模型成品

图 3—94　汽车模型成品

一些专业模型公司为使产品具有个性，通常也考虑自己制作一些道具。图 3—95、图 3—96 所示为某模型公司制作的模型道具。

图 3—95　自制树脂人物模型

图 3—96　自制摄影器材模型

3.2.11 黏合剂

黏合剂是模型制作中不可缺少，用于拼接模型的材料。常用的黏合剂有如下几种。

1. 三氯甲烷与丙酮

三氯甲烷又称氯仿，如图 3—97 所示。这两种粘结剂主要用于粘结有机玻璃、PVC 胶片和 ABS 材料，一般玻璃商店、化工商店均有售。使用时需用注射器。注射器以容量 5 mL，针头以 5 号、6 号、7 号为宜，使用多少就装多少。三氯甲烷与丙酮有毒，且极易挥发，易燃，要注意妥善保存。图 3—98 所示为用三氯甲烷拼接模型。

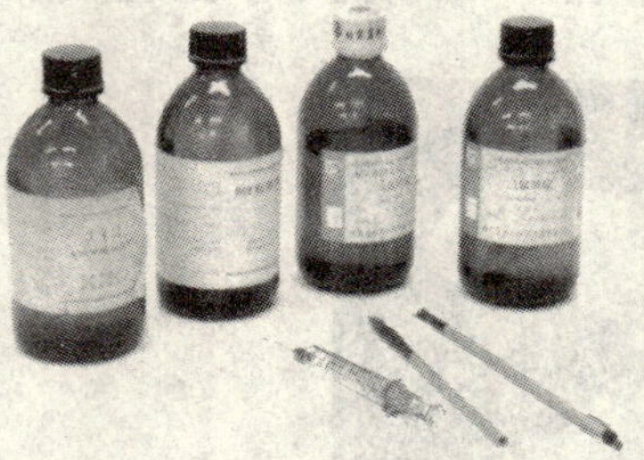

图 3—97　三氯甲烷粘结剂

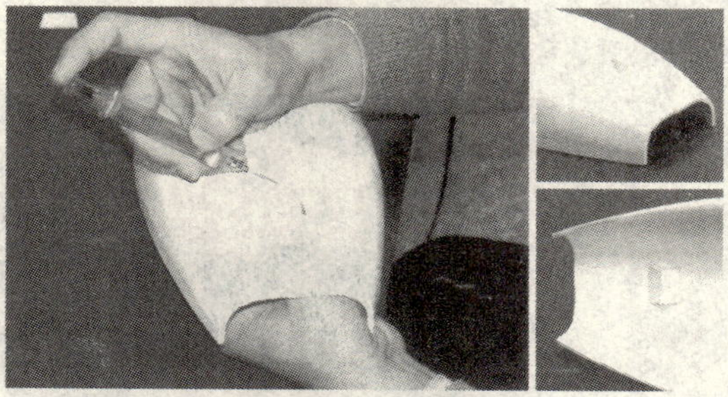

图 3—98　用三氯甲烷拼接模型

2. 模型胶

模型胶又称 UHU 胶，为透明胶液，主要粘结各类胶片、纸张，凝固很快，粘结后无明显痕迹，挥发快，用后要盖紧。图 3—99 所示的是各种模型胶。

3. 502 胶

502 胶又称瞬间快干胶，如图 3—100 所示，为透明胶水，极易干固，主要用于粘结各种塑料、木料、纸料。黏性极强，对皮肤有腐蚀性，要小心使用。

图 3—99　各种模型胶

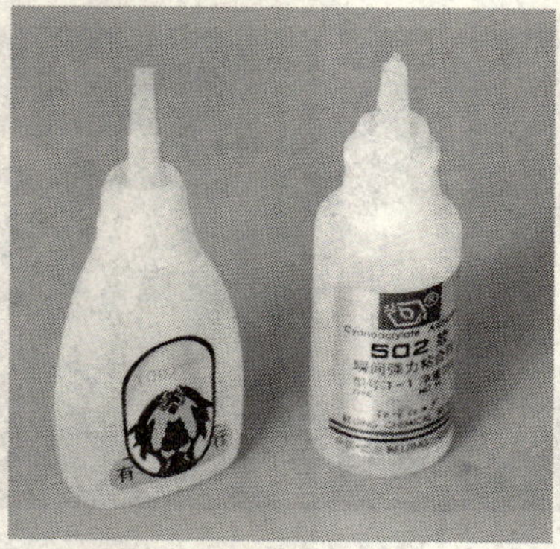

图 3—100　502 胶

4. 乳胶

乳胶又称白胶，如图 3—101 所示，为白色胶浆，干固较慢（约 24 h），干后是透明状。常用于大面积黏合木料、墙纸和沙盘草坪。

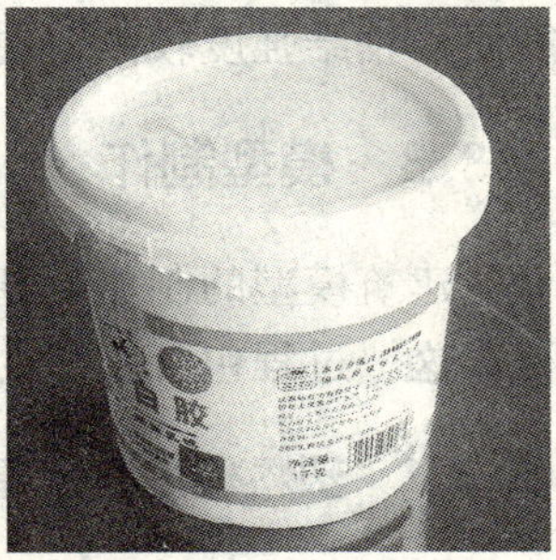

图 3—101　乳胶（白胶）

5. 其他黏合剂

黏合剂除上面介绍的种类外，还有 AB 胶（见图 3—102）、双面胶带（见图 3—103）、透明胶带（见图 3—104）、单面胶带、不干胶、309 胶水（功能类似万能胶）、801 大力胶、泡沫双面胶带（见图 3—105）、4115 建筑胶等，这类粘结剂用于模型制作中不同材料的粘结，选用时可视不同材料、用途、装饰和经济情况而定。

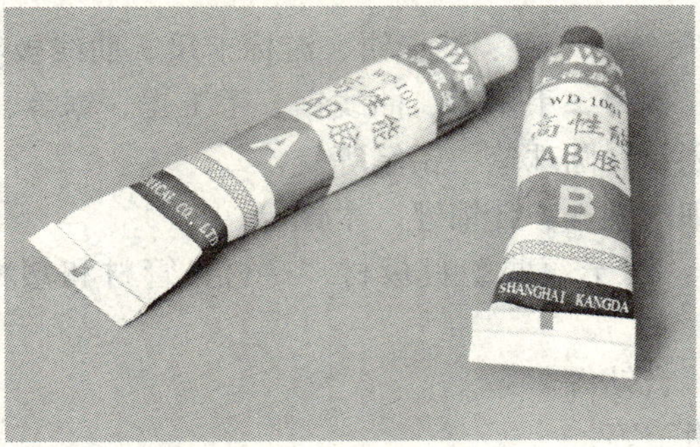

图 3—102　AB 胶

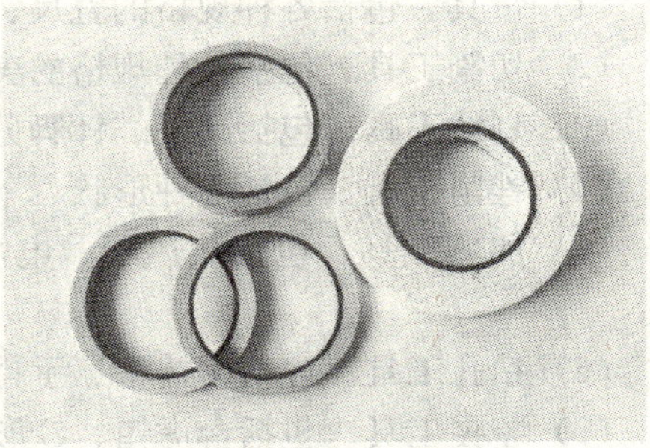

图 3—103　双面胶带

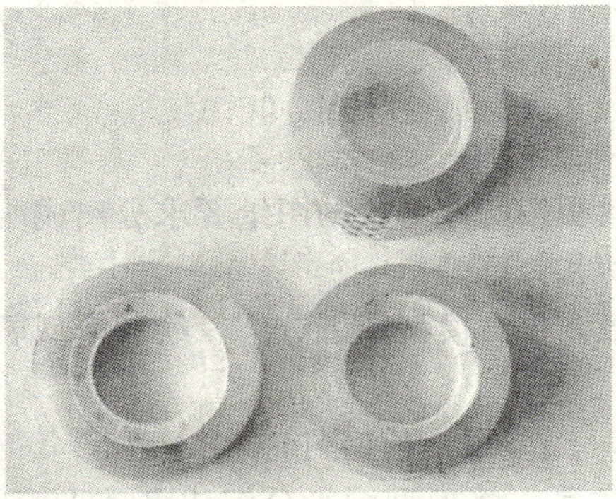

图 3—104　透明胶带

图 3—105　泡沫双面胶带

单面胶带又称美纹指，主要用于喷漆时起遮盖作用，喷漆完毕后揭开。单面胶为纸基粘结材料，按不同规格分为不同宽度，适用范围很广，尤其是分色喷漆时必不可少。

双面胶带为带状粘结材料。胶带宽度不等，附着在带基上。该胶带适用范围广，使用简便，粘结强度较高，主要用于大面积平面的双面粘结。

3.3 模型制作

建筑模型的制作是利用工具改变材料的形态，通过粘结，组合出新的物质形态的过程。这一过程包含很多的基本技法，模型制作人员应该掌握最基本的要领与方法。

3.3.1 塑料模型制作基础

塑料的品种很多，加工成型方法各异。如 ABS 可用钩刀、线锯机等切割，用三氯甲烷注射黏接；即时贴可用剪刀、刻刀、手术刀等剪刻成型；PVC 塑料可以剪刻和加温弯曲成型等。

1. 常用的工具和设备

（1）量具。包括各种规格的直尺、90°角尺、内卡钳、外卡钳、游标卡尺、曲线板等。

（2）切割工具。包括各种规格的美工刀、钩刀、手术刀、曲线锯、手工锯、锯等。

（3）划线工具。包括圆规、针脚分规、划针、圆珠笔、铅笔等。

（4）锉削工具。包括各种形状、不同粗细的钢锉、什锦锉、木锉等。

（5）加热工具。包括热风枪、电烤箱等，用于弯曲塑料板材、棒材、管材和塑料压模。

（6）钻孔工具。包括手摇钻、手持电钻、台钻等。

（7）装夹工具。包括台虎钳、C 形夹、钳子等。

（8）斩锉工具。包括木刻雕刀。

（9）打磨工具。包括砂纸、电动砂轮机、电动抛光机等。

2. 常用粘结剂及工具

丙酮、三氯甲烷（氯仿）、小毛笔、注射器、通用胶等。

3. 下料

下料是模型制作的第一步，所谓下料，是将材料板按制作对象的图纸要求分离成所需的形状。下料的操作步骤一般分为放样、划线、裁剪和修整等。

（1）放样。放样是根据实物图纸，绘制模型图纸，再由模型图纸分解，绘制模型展开图。

绘制模型图纸是按照实物图纸和模型制作比例计算尺寸，绘制模型图纸，并标注尺寸。

绘制模型分解展开图是按组成模型的板块拼接关系，将模型图纸分解成多个平面图，每个平面图的形状和尺寸应保证模型外形的要求。绘制模型展开图时，先分析模型各板块的组成，将每个面标上字母，以示区别。再将各面一一绘制出来。

制作曲面，应将曲面展开成平面图，并按计算尺寸适当地放出加工余量，以便于后续的压模、精加工。

在放样时，应注意材料的厚度与模型外形尺寸的避让关系，即模型分解展开图的尺寸，应保证模型制作完成后，其外形尺寸满足模型图纸要求。

（2）划线。划线是依照模型分解展开图，在材料板上画出各块板面的形体轮廓。

应按照展开图尺寸要求，用刀具或划线工具准确划线。不同的材料可采用不同的划线工具。一般而言，针尖用于 ABS 板材划线；有机玻璃因为硬度比较高，故选用钩刀划线；金属板或金属表面一般选用硬质合金的针尖划线笔。

划曲线的尺寸可用两头针尖的圆规划线，还可用曲线板划线。

线性平面划线时，针尖一侧必须垂直于加工材料表面。另一只手按紧钢尺，适度用力划线。

（3）裁剪。在进行剪裁前，应用刀片沿着线槽轻轻地划几下，然后将板材上划好的线对齐操作台的边缘，一只手按紧板材，另一只手沿着操作台边缘的另一方向用力往下按压，这时板材会沿着刀刃划线处准确地断开。

对于曲线的下料，一般要借助于线锯沿曲线走势锯开，以获得必要的、准确的形体。熟练操作后，可用刀片手工直接剪裁下料。

值得特别强调的是，划线必须准确，下料必须到位，不留加工余量。

注意事项：进行划线、剪裁操作时，应注意针尖、刀片的安全使用。

（4）修整端面。剪裁下来的材料端面，可用锉刀和砂纸进行修整处理。端面修整处理时要注意垂直平整。

4. 粘结

在建筑模型的制作过程中，整体模型都是由各块板面之间的粘结组合而成。

一般而言，ABS 板的粘结，采用三氯甲烷（氯仿）或丙酮。有机玻璃的粘结，采用三氯甲烷（氯仿）、502 或透明硅胶。

上述两种材料，也可采用环氧树脂双管强力 AB 胶粘结。操作时将双管胶挤压出同等质量的黏胶，调匀粘接，待数分钟后才能逐渐达到牢固强度。

采用三氯甲烷（氯仿）进行粘结操作时，应先把板材部件固定好，然后用刷子（细毛笔）描涂，或借用注射器针头吸取三氯甲烷（氯仿）溶液，然后慢慢注入被粘面，溶剂从端面挥发。稍等片刻，被粘物自行吸收发挥粘结力。

需要注意的是，三氯甲烷（氯仿）具有腐蚀性，因此三氯甲烷（氯仿）溶液用量不能太多，且不要将胶溶液弄到非粘结面上，否则会腐蚀板材而失去表面光泽。另外，粘结时，所有粘结部件的粘结表面要非常洁净，不应有油脂或脏污痕迹，以免粘结不牢。在粘结边、线、面时，部件一定要用手或夹具夹紧，否则易造成翘曲现象。如部件粘结处要承受很大的外力，必须为粘结处提供更多的结构支撑。

进行粘结操作时，注意腐蚀性粘结剂的安全使用，要保证工作环境有良好的通风。

5. 模型的表面修整

块板立面间粘结不平整、表面粗糙时，需要通过锉削、打磨等进行表面修整处理，以确保边缘的平整、平直。

（1）用砂纸加工表面。经过锉削、打磨等表面修整后，模型表面还达不到要求时，再用细砂纸进行精加工，使其表面更光滑平整，轮廓清晰，尺寸更准确。如果模型大平面不平整，可将大块砂纸放在水平工作台上，再手持工件或模型，在砂纸上来回移动磨削，直到表面平整为止。

（2）去除模型表面的污质。如果模型表面弄脏或有油污时，可用工业汽油或酒精擦拭清除，或用肥皂水刷洗。对表层油污渗透不深时，可直接用砂纸轻轻擦除模型表层上的油污即可。

（3）增强模型表面硬度。在磨削好的模型或块板立面表面，涂刷一层干漆或树脂胶溶液，以增强表面硬度，利于涂刮腻子灰和打磨工作。

3.3.2 塑料模型制作实例

1. 实例一

依据图 3—106 所示建筑实物图纸，按 1：240 的比例制作模型。

制作工具准备如下：直尺、90°角尺、圆规、铅笔、手术刀、垫板、镊子、三氯甲烷（氯仿）、小毛笔、什锦锉、砂纸块等，如图 3—107 所示。

操作步骤如下：

（1）放样

1）绘制模型图。根据图 3—106 所示建筑实物图纸，按 1：240 的比例计算模型各尺寸，绘制模型图纸。

2）绘制模型分解展开图。先分析模型板面的组成，可将模型分为上顶板 A，下底板 B，后立板 F，前圆弧板 E，前左、右板 C、C1，左、右侧板 D、D1，上顶小侧板 H、H1，如图 3—108 所示。

分别绘制顶板 A，下底板 B，后立板 F，前圆弧板 E，前左、右板 C、C1，左、右侧板 D、D1，上顶小侧板 H、H1 平面图和前圆弧板 E 的展开图，如图 3—109 所示。

绘图时应注意：制作模型材料的厚度与模型外形尺寸的避让关系，如本例采用 0.8 mm厚的 ABS 板制作模型，顶板 A、下底板 B 的平面图，四周线性尺寸应减小板厚 0.8 mm；若各立板按 45°角拼接（见图 3—108），后立板 F，前左、右板 C、C1，左、右侧板 D、D1，上顶小侧板 H、H1，应按模型实际尺寸绘制平面图；若各立板不按 45°角拼接，则左、右侧板 D、D1，上顶小侧板 H、H1，前后方向的线性尺寸，两端分别减小板厚 0.8 mm。实际放样时，可以适当放出一些加工余量；前圆弧板 E 按圆弧长度，绘制展开平面图，应适当地放出一些加工余量。

（2）划线。依照模型分解展开图（见图 3—109），在材料板上画出各块板面的形体轮廓，排版时注意节省材料。划线的步骤如图 3—110、图 3—111、图 3—112 和图 3—113 所示。

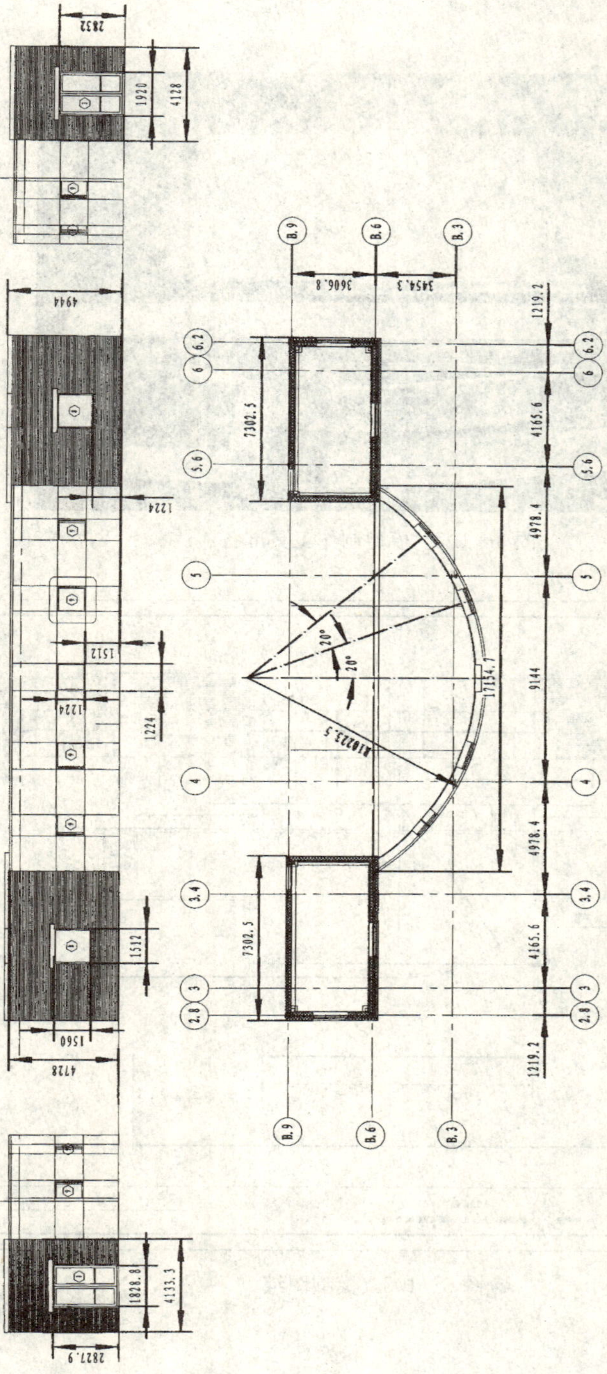

图 3—106 建筑实物图纸

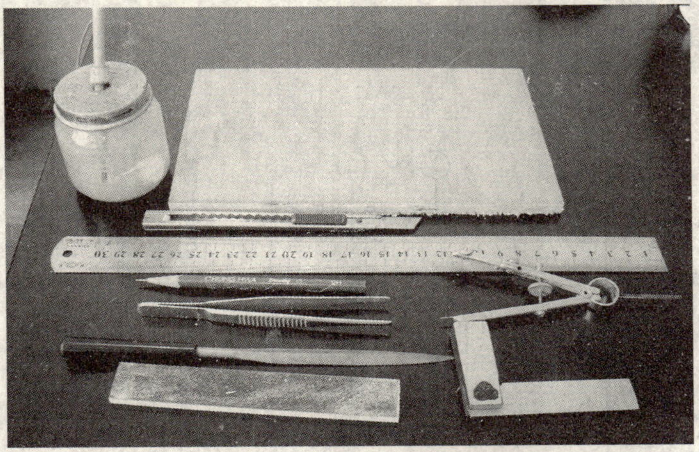

图 3—107　模型制作工具准备

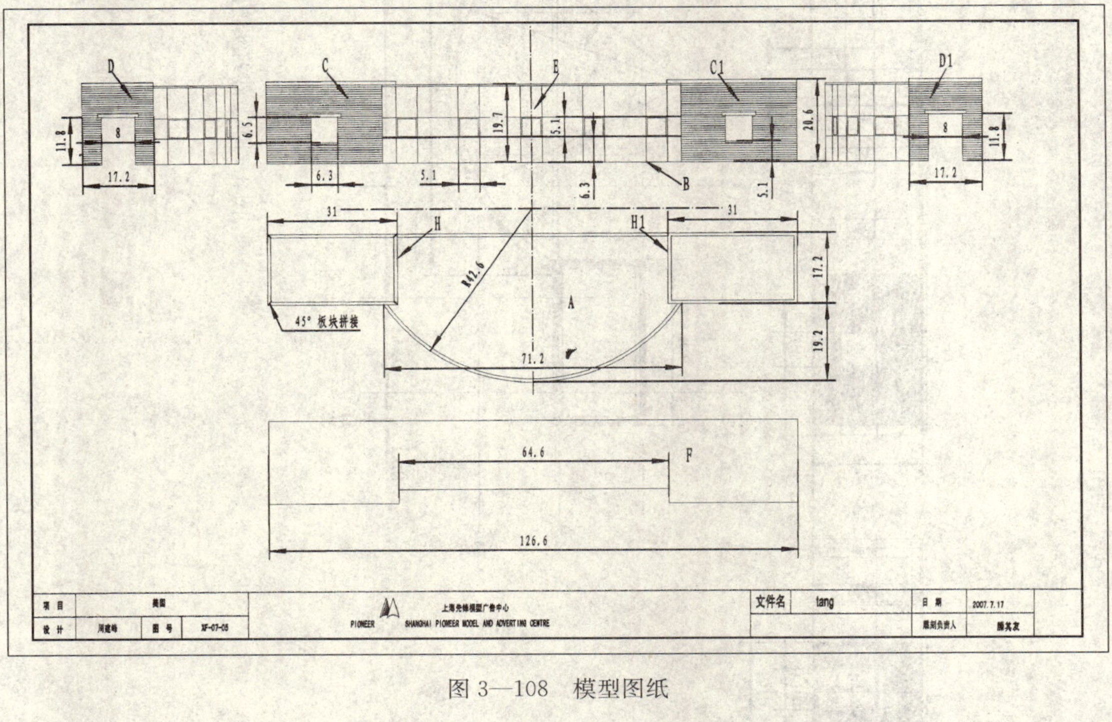

图 3—108　模型图纸

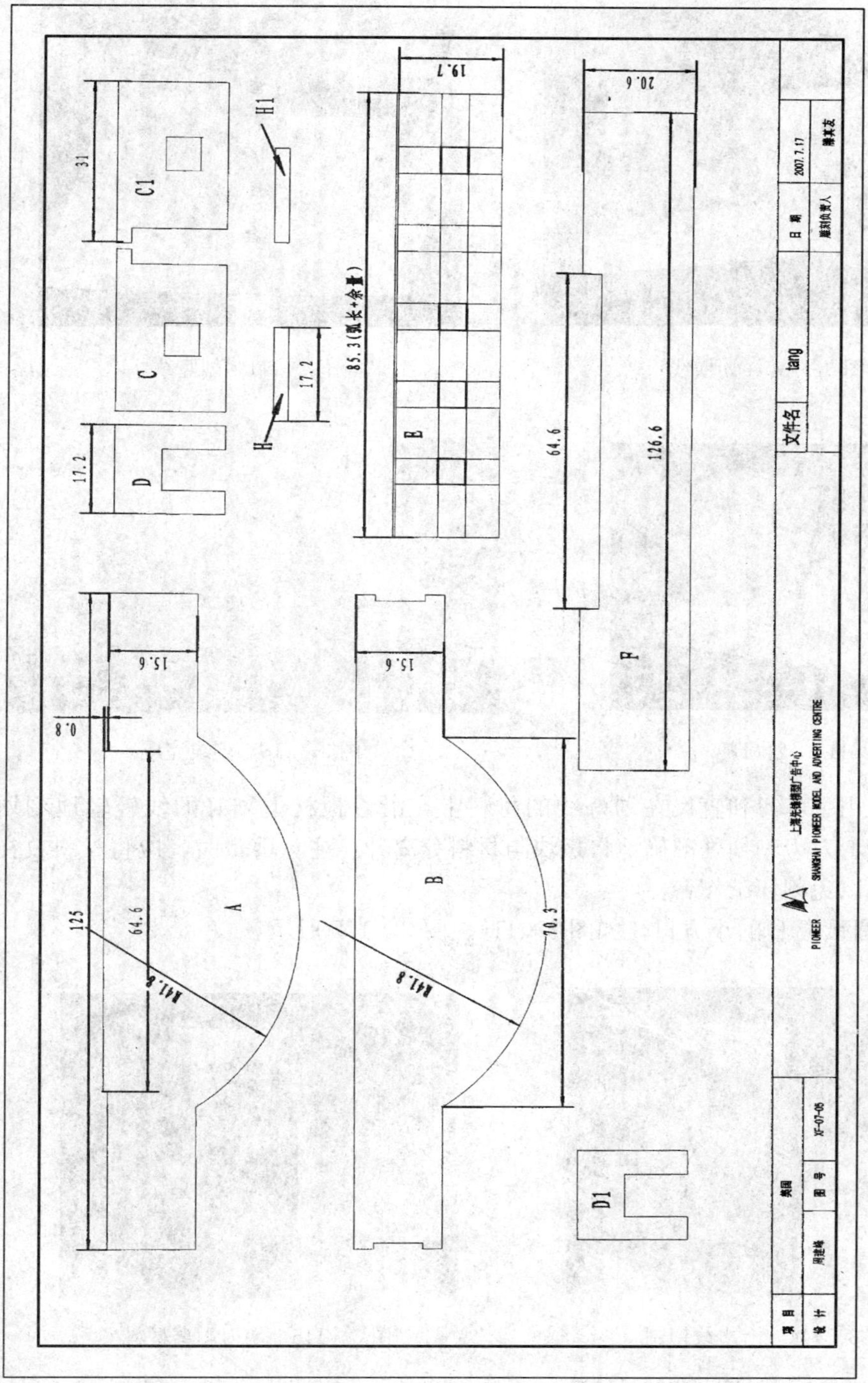

图 3—109 模型分解展开图

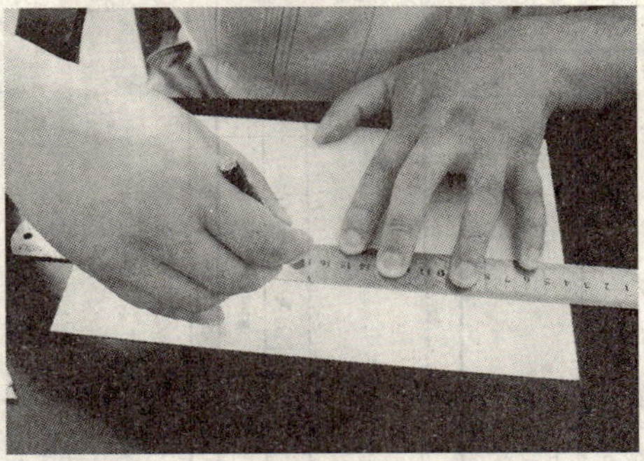

图 3—110　划横线

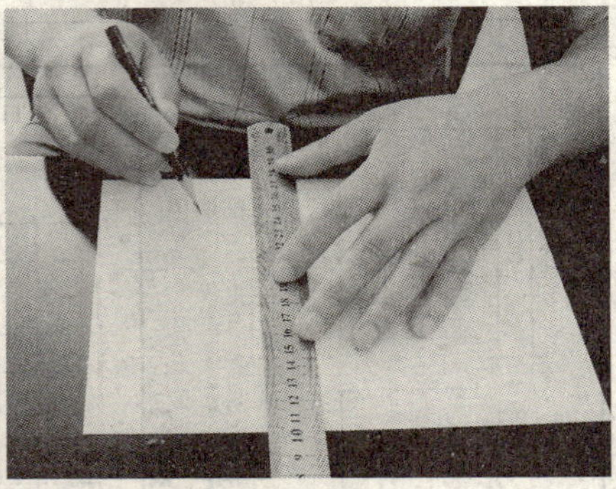

图 3—111　划竖线

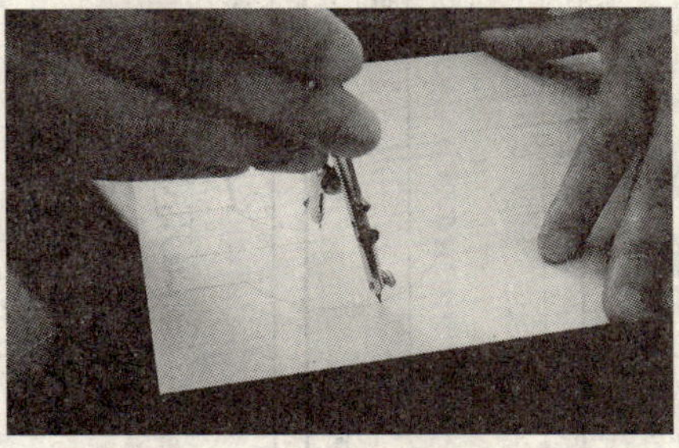

图 3—112　划圆弧

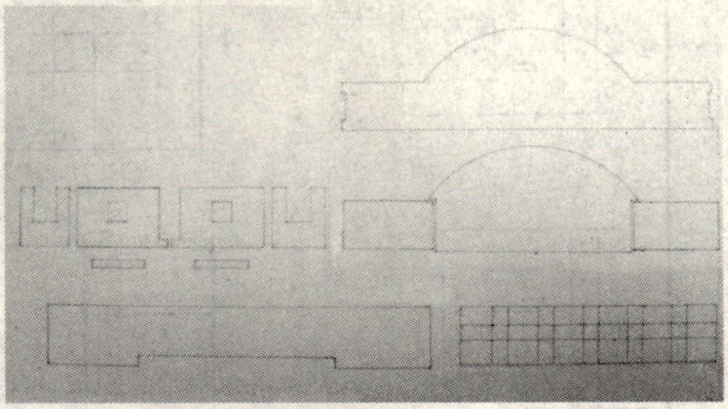

图 3—113　划线完成

（3）裁剪。用手术刀和直尺在划好线的材料上，沿着板材上划好的线轻轻地刻划几下，然后用手沿着刀刃刻划处准确地将板块与材料分离开。注意剪裁时，应将材料放在垫板上进行剪裁，以免刻坏工作台。

1）切割前圆弧板 E 的小方口，如图 3—114、图 3—115 所示。

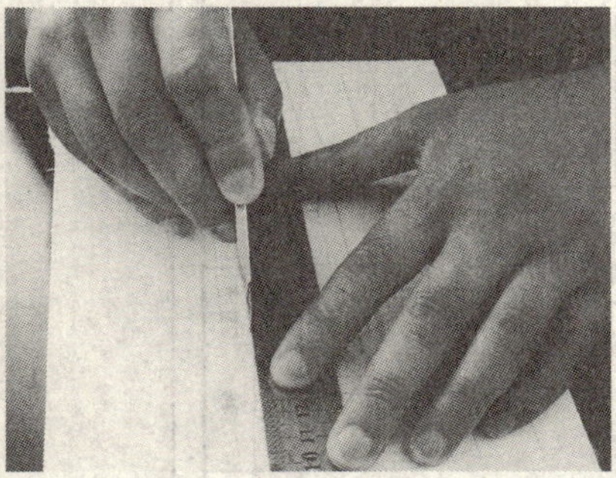

图 3—114　沿边线切割

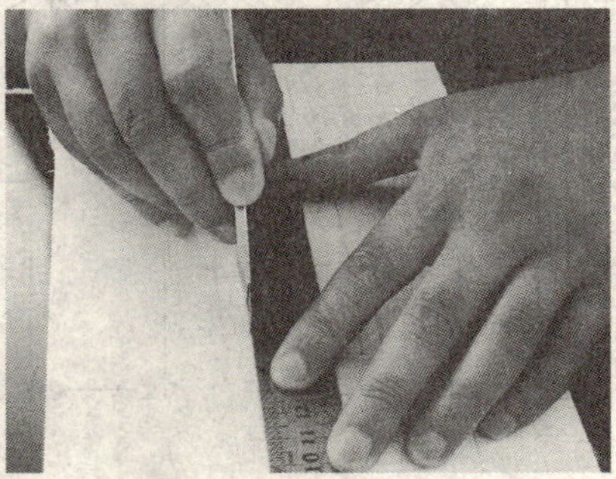

图 3—115　用刀剥离材料

2）裁剪下底板 B，如图 3—116、图 3—117、图 3—118 和图 3—119 所示。

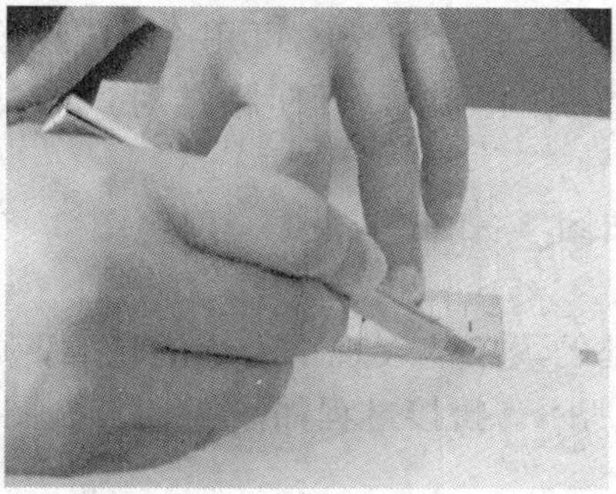

图 3—116　用直尺切割

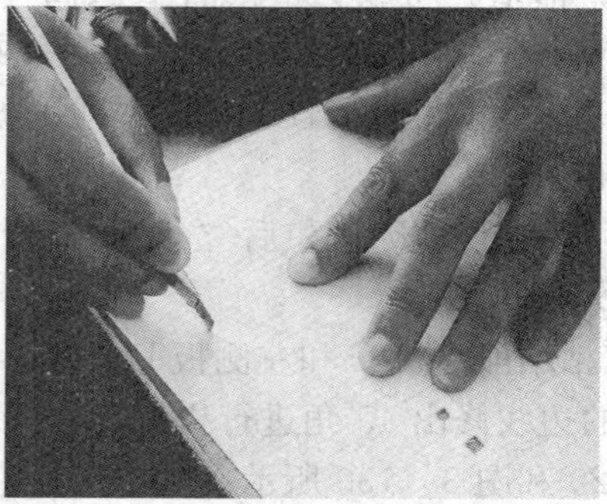

图 3—117　徒手切割圆弧线

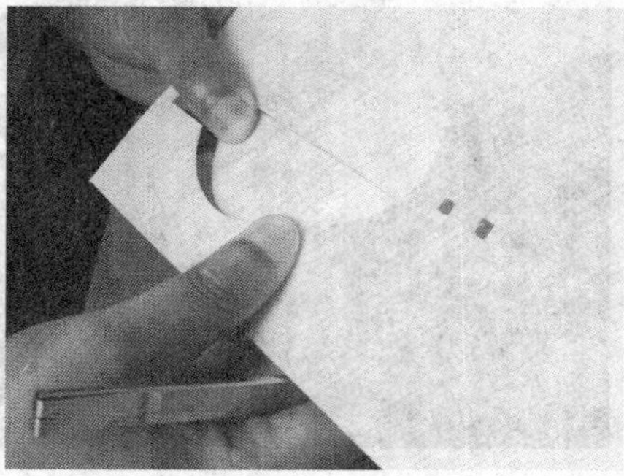

图 3—118　用手施压分离材料

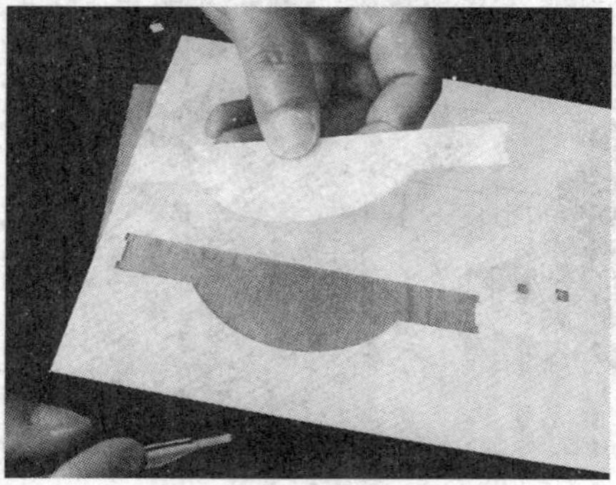

图 3—119　裁剪好的下底板 B

3）修整裁剪下来各板块的端面。裁剪下来的板块边线不整齐或有毛刺时，可用锉刀和砂纸等进行修整处理。端面修整时要注意垂直平整，如图 3—120 所示；完成板块裁剪，如图 3—121 所示。

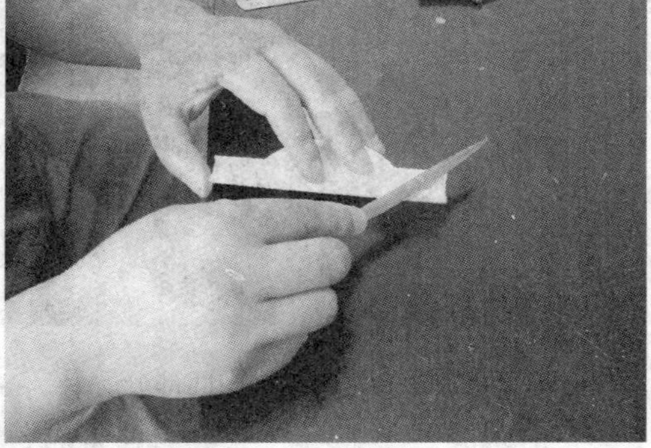

图 3—120　修整下底板 B 端面

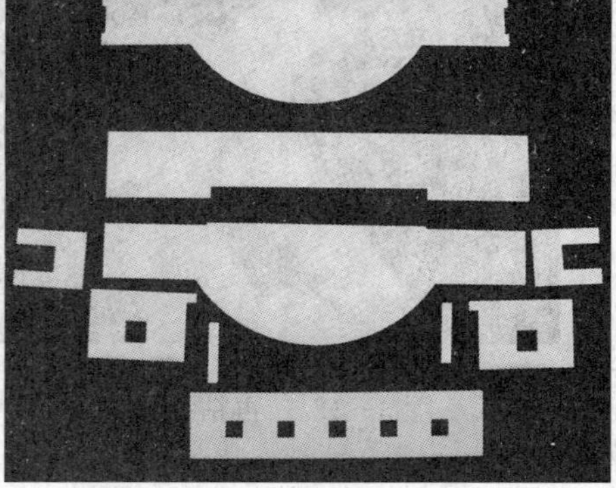

图 3—121　完成板块裁剪

(4) 粘结。将裁剪下的各板块面，按其在模型之间的相对位置粘结起来，组成模型。注意，粘结时边线要对齐；如果两板块之间是垂直相交，可用 90°角尺校正，如图 3—122 所示；粘结较长的边线时，先粘结边线的两端，可使粘结时产生的误差均匀地分布。

1）粘结下底板 B 和后立板 F。粘结步骤如图 3—123、图 3—124、图 3—125 和图 3—126所示。

2）粘结前左板 C 和左侧板 D。为了使粘结处的线条能表现出清晰的轮廓，可用锉刀将粘结的边线修出 45°角进行拼接，如图 3—108 所示。拼接过程如图 3—127、图 3—128、图 3—129 和图 3—130 所示。

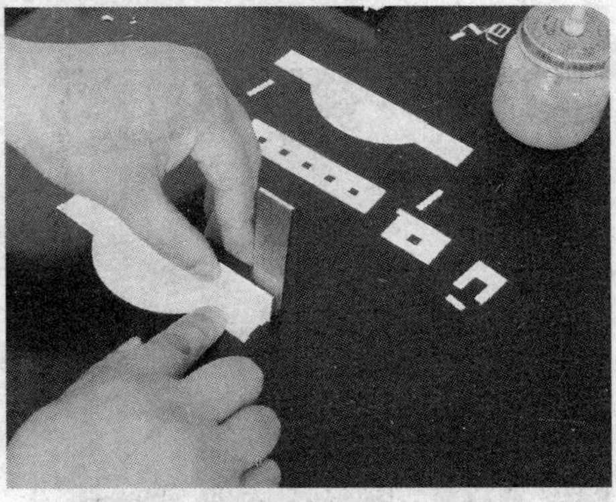

图 3—122　用 90°角尺校正

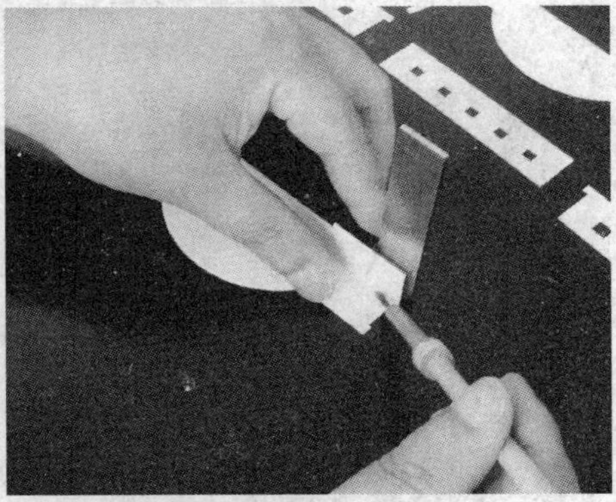

图 3—123　先粘结一端

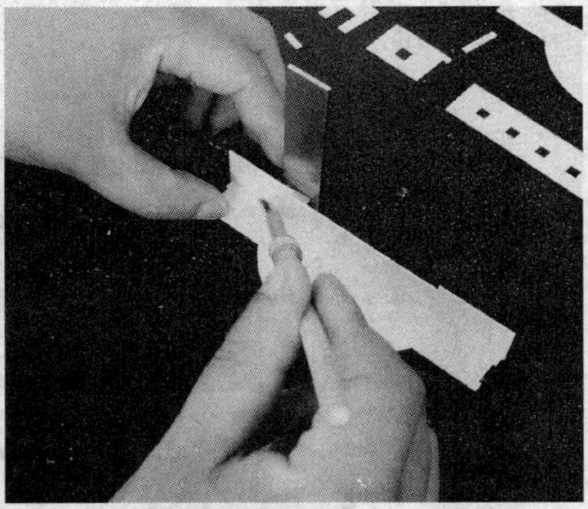

图 3—124　再粘结另一端

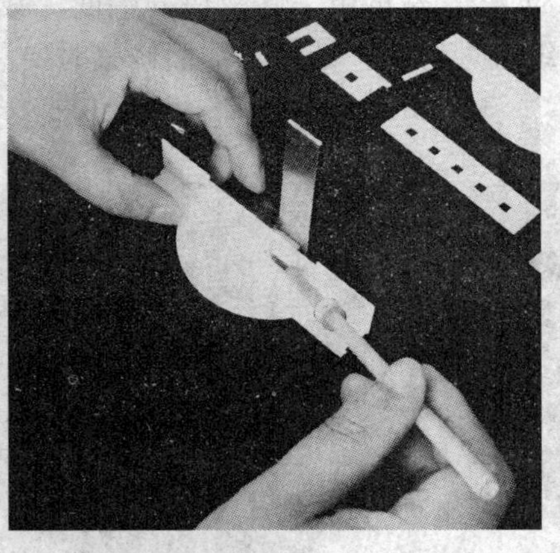

图 3—125　粘结中间部分

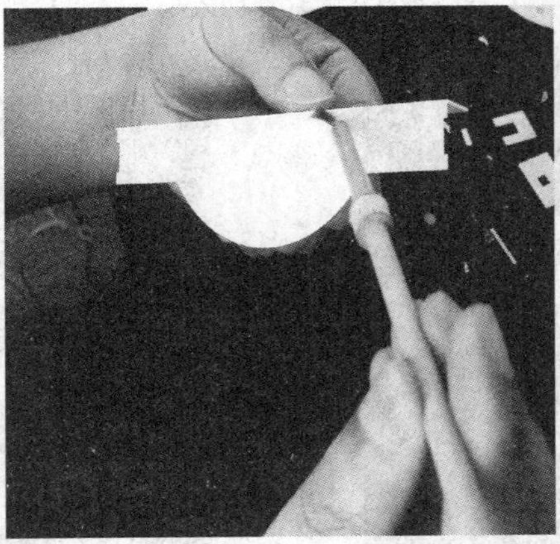

图 3—126　背面补胶

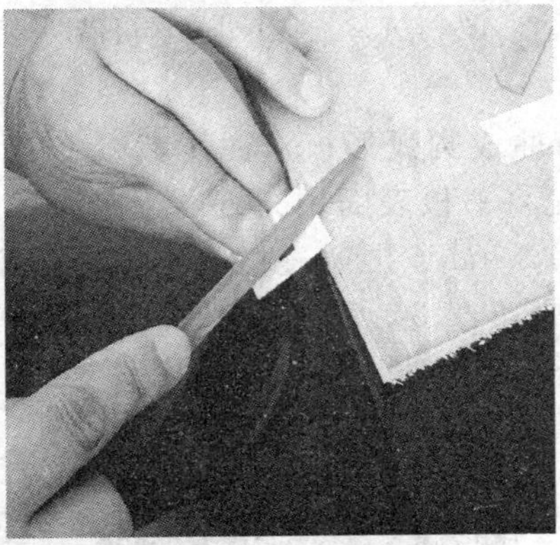

图 3—127　将 C 板边线锉成 45°角

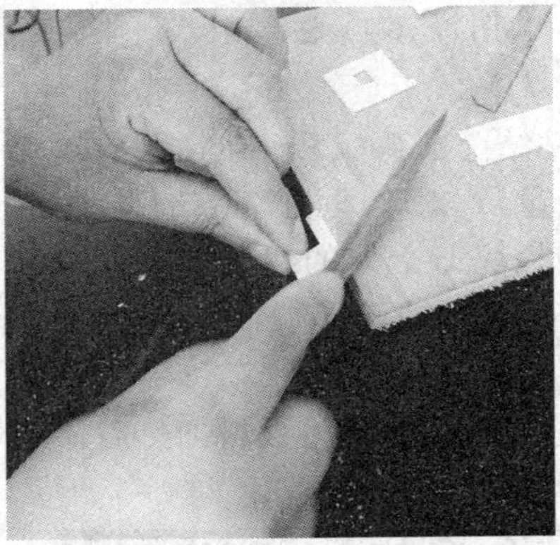

图 3—128　将 D 板边线锉成 45°角

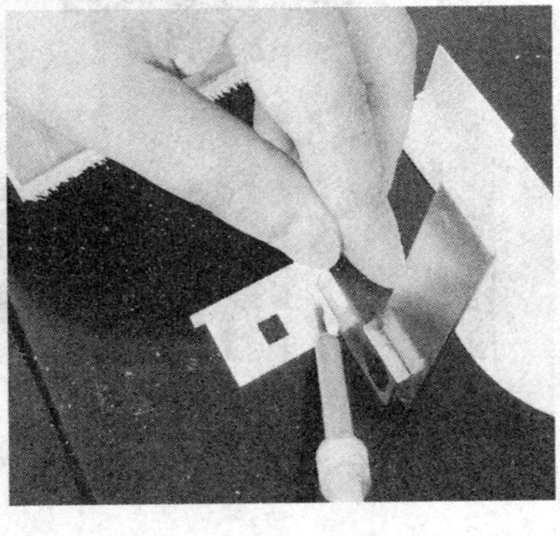

图 3—129　粘结 C 板和 D 板

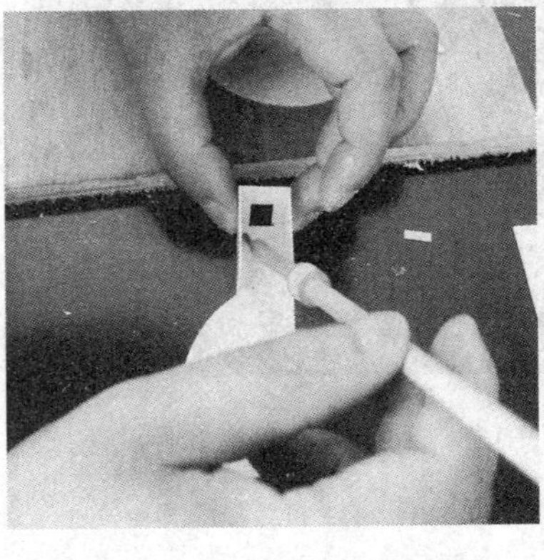

图 3—130　C、D 板与主体粘结

3）粘结顶板 A。如图 3—131、图 3—132 所示。

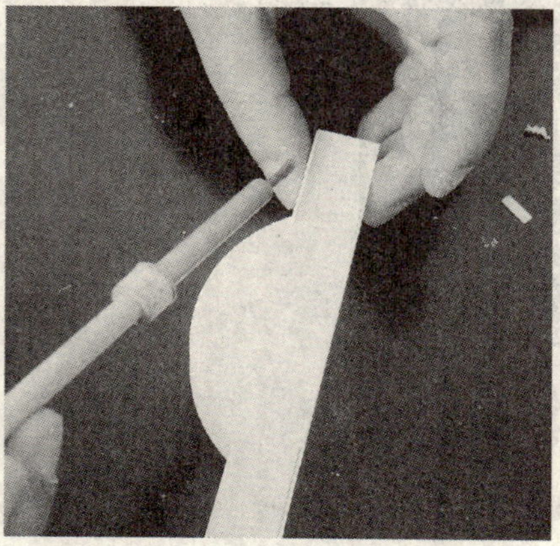

图 3—131 粘结顶板 A

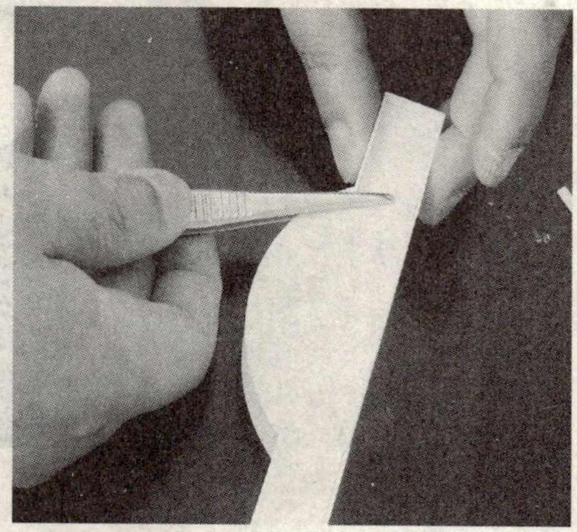

图 3—132 细小处操作可借助镊子

4）粘结前圆弧板 E。在粘结前需将平板弯曲成圆弧形板（注意裁减 E 板时，应留有加工余量），对于薄板（不超过 1 mm），可先将平板表面预先划若干竖条浅槽（如图 3—113中板块 E 上划的线条），槽深约 0.1～0.2 mm，再通过柱状物施压，反复多次，逐步将平板弯曲成弧形板，步骤如图 3—133、图 3—134 所示；弯曲后再将圆弧板 E 与主体粘结，步骤如图 3—135、图 3—136、图 3—137、图 3—138 和图 3—139 所示。若板厚超过1 mm，需要将板材加热后才能弯曲。

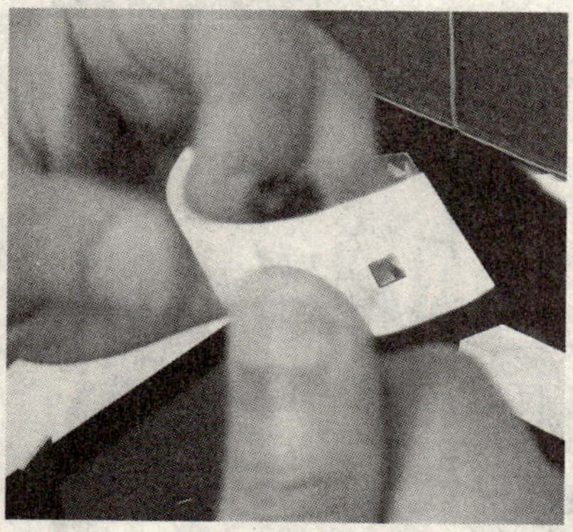

图 3—133 利用表面浅槽和柱状物施压

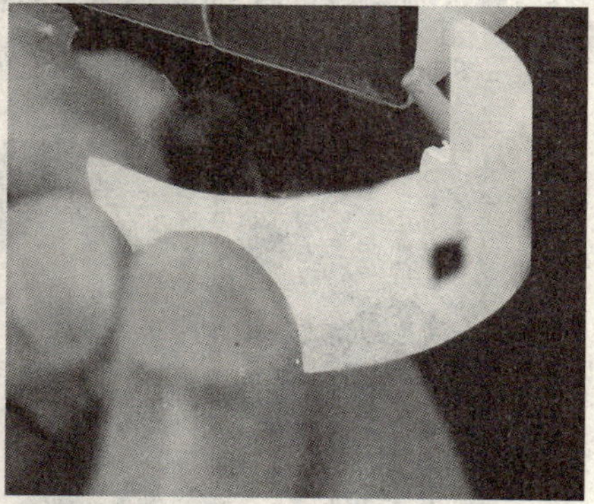

图 3—134 逐步将平板弯曲成弧形板

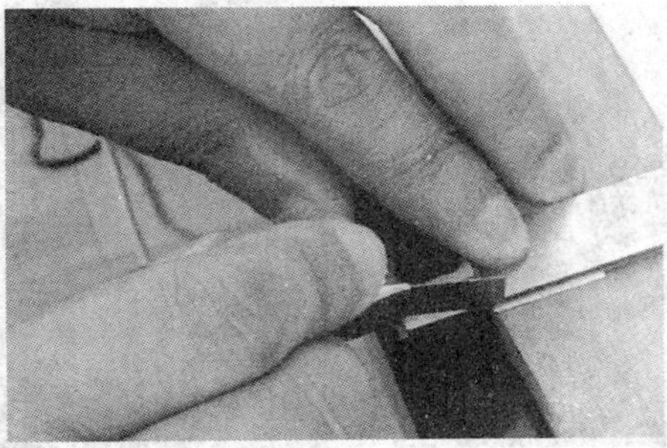

图 3—135　弯曲后，切割余量

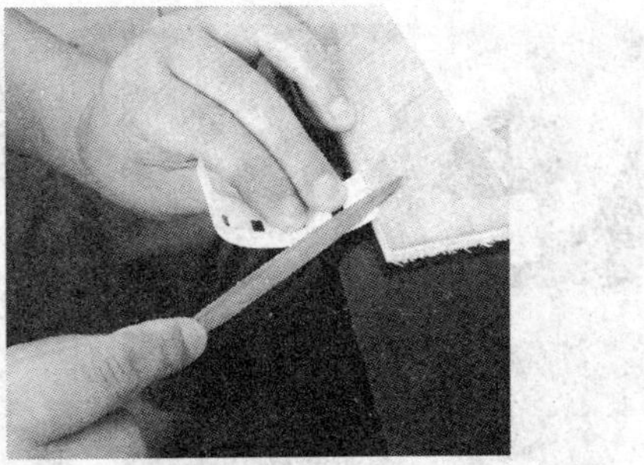

图 3—136　将弧形板端面锉成斜角

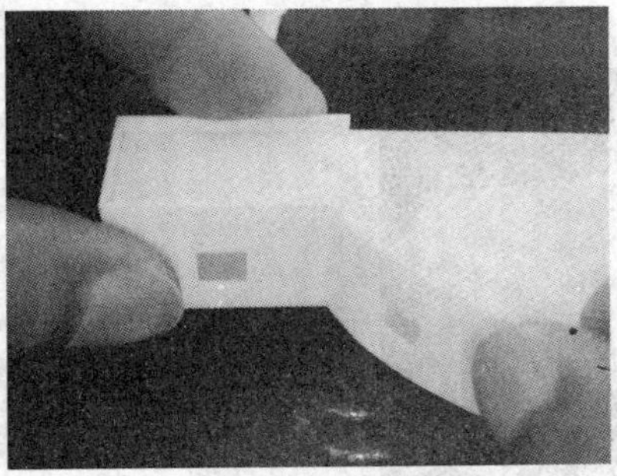

图 3—137　先粘结两端边线

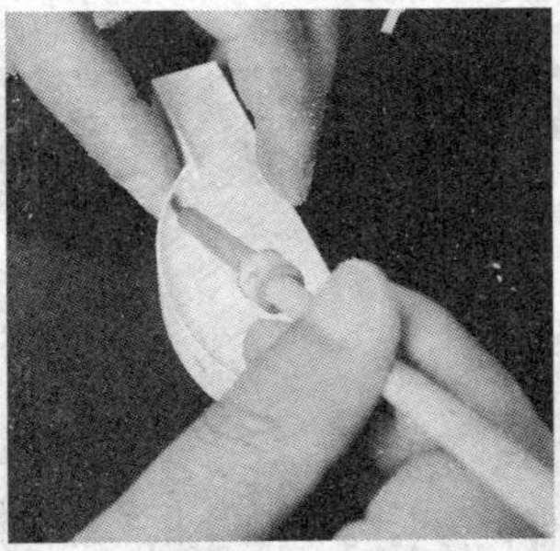

图 3—138　圆弧板 E 与顶板 A 粘结

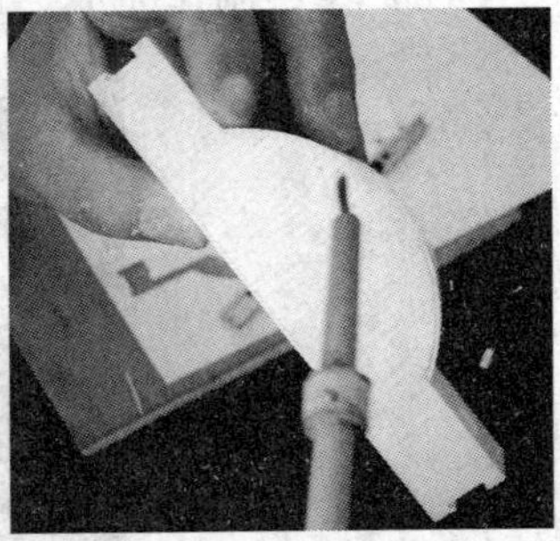

图 3—139　圆弧板 E 与底板 B 粘结

5）粘结上顶小侧板 H。粘结步骤如图 3—140、图 3—141 所示。

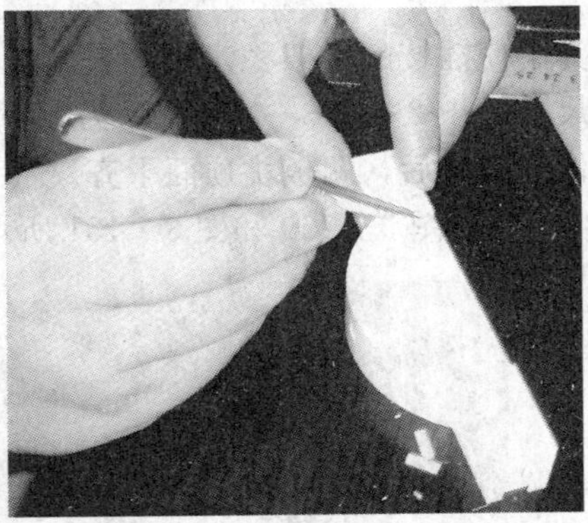

图 3—140　用镊子将 H 板放好

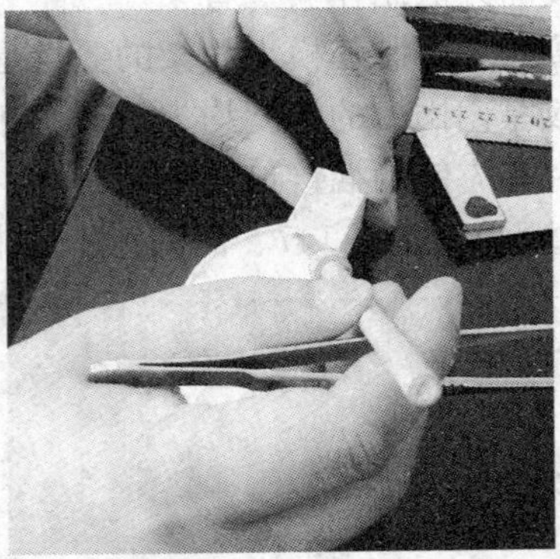

图 3—141　粘结 H 板

（5）模型的表面修整。粘结完成后，若板块间粘结不平整、有毛边时，可用锉刀锉削、砂纸或打磨块打磨等方法进行表面修整处理，以确保端面和边线的平整、平直，步骤如图 3—142、图 3—143 和图 3—144 所示。

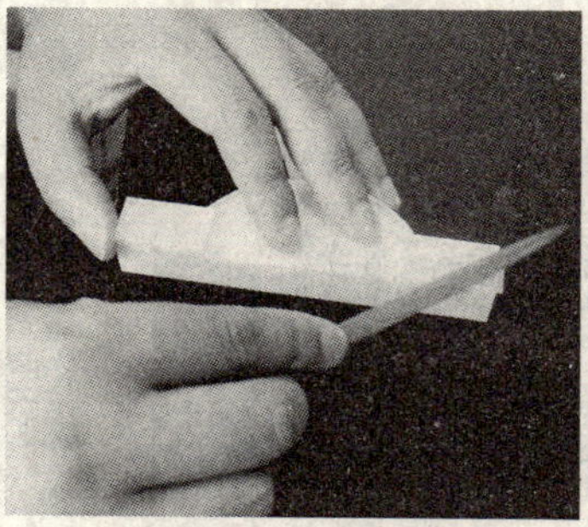

图 3—142　用什锦锉修整

图 3—143　用打磨块修整端面

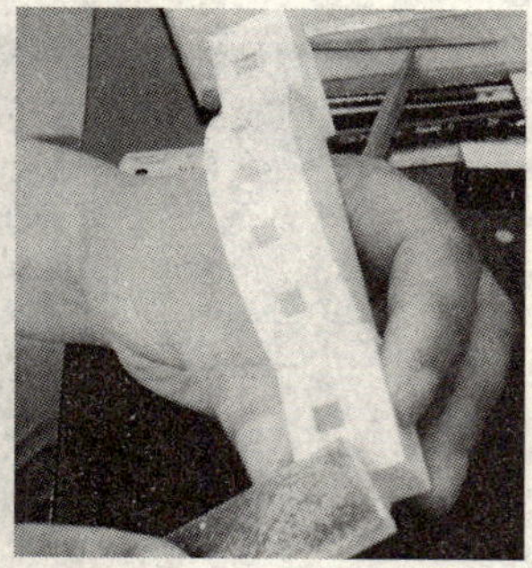

图 3—144　用打磨块修整棱线

（6）模型制作完成。最终模型如图 3—145 所示。

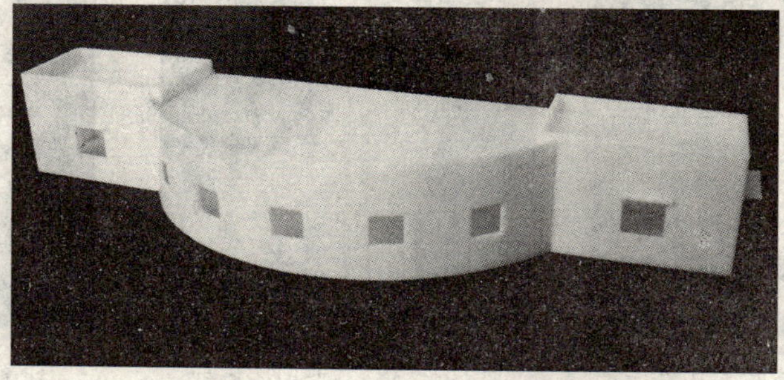

图 3—145　最终模型

2. **实例二**

用插接的方法制作模型骨架。

用插接的方法制作模型骨架的要点是：为了使插接的骨架稳定牢固，两板块的插口的宽度均为板厚，插口的深度均为两板块相交尺寸的 1/2。图 3—146 所示为裁剪好的骨架板块。插接时，应使两插接口底部相接触，以保证插接后，两板块顶面平齐。

插接过程如图 3—147、图 3—148、图 3—149、图 3—150 和图 3—151 所示。

图 3—146　裁剪好的骨架板块

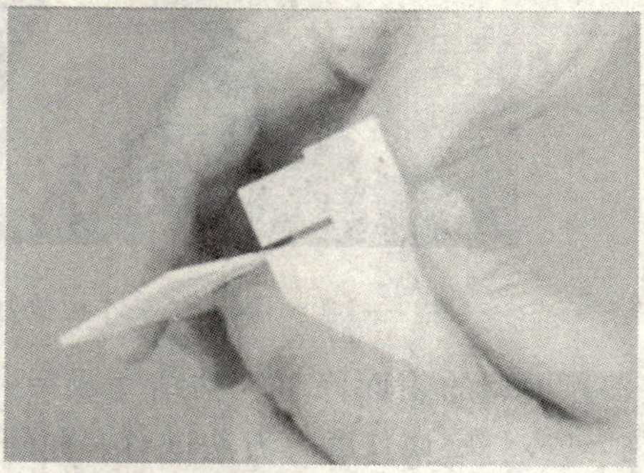

图 3—147　骨架插接（一）

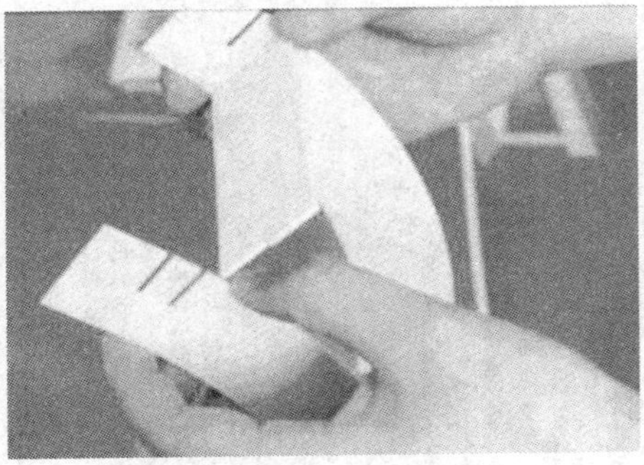

图 3—148　骨架插接（二）

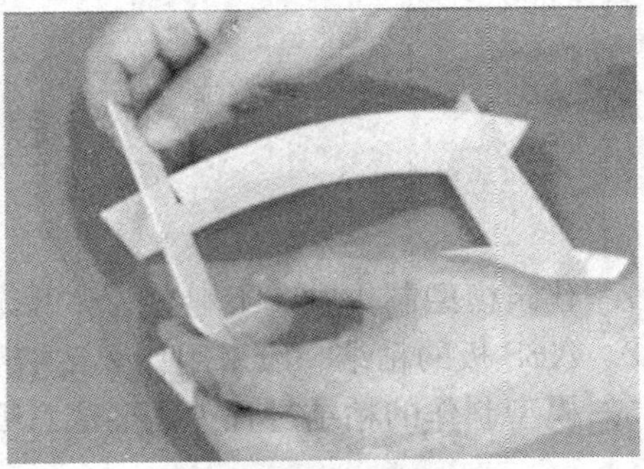

图 3—149　骨架插接（三）

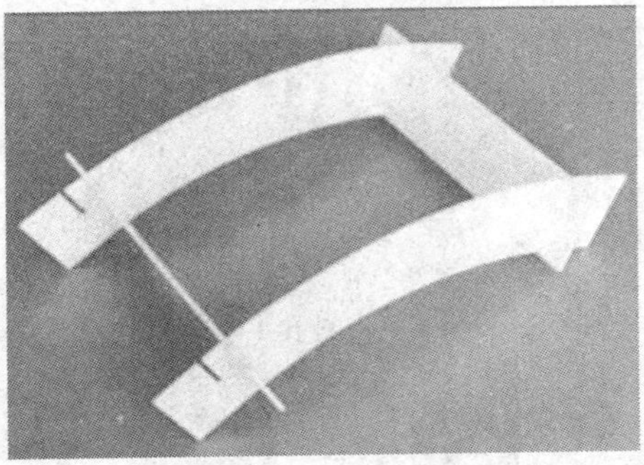

图 3—150　骨架插接（四）

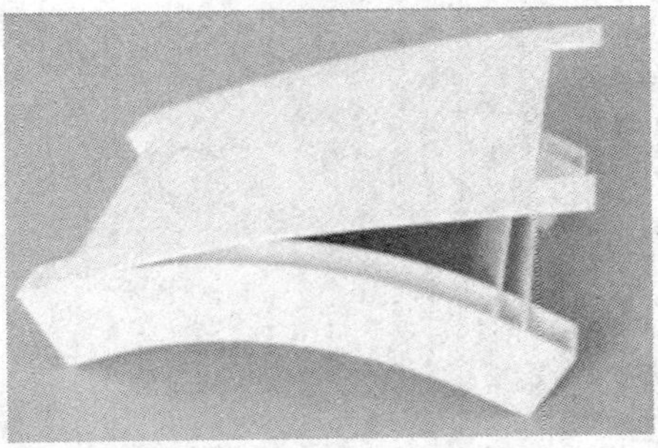

图 3—151　在弧形骨架上粘结板块形成曲面

职业技能鉴定要点

行为领域	鉴定范围	鉴定点	重要程度
理论准备	模型制作工具及使用	测量工具及其使用	★
		手工工具及其使用	★
		模型表面打磨工具与技术	★
	建筑模型材料	塑料材料	★
		泡沫材料	★
		黏合剂材料	★
技能训练	建筑模型的制作	放样、划线	★★★
		剪裁	★★★
		拼接	★★★
		模型表面修整	★★★

思 考 题

1. 建筑模型制作中，下料分为哪几个步骤？
2. ABS 板的粘结一般采用什么粘结剂？
3. 模型制作的粘结过程中需要注意哪些问题？

4

第 4 单元

建筑环境模型制作

引 导 语

建筑环境模型的制作，主要包括树木和草地的制作，是建筑模型设计制作员最基本的技能之一。本单元介绍制作树木和绿色植物的材料，常见树木的造型，树木的制作和草地的制作方法。

4.1 制作树木和绿色植物

4.1.1 制作树木和绿色植物的材料

1. 发泡海绵

发泡海绵主要用于绿化环境的制作，具有不同的孔隙与膨松度。此种材料可塑性强，经过特殊的处理和加工，可制成各种仿真程度极高的树木和草地，是一种使用范围广、价格低廉的制作绿化环境的基本材料。当然，它在实际使用的后期加工中还有许多技巧。发泡海绵如图 4—1 所示。

图 4—1 发泡海绵

2. 草粉

草粉主要用于绿化和草地的制作。常用草粉有颗粒状草粉和纤维状草粉，色彩种类较多，通过调和可制作出多种绿化效果，是目前制作绿地环境常用的一种材料。目前市面上有成品出售。颗粒状草粉如图 4—2 所示，纤维状草粉如图 4—3 所示。

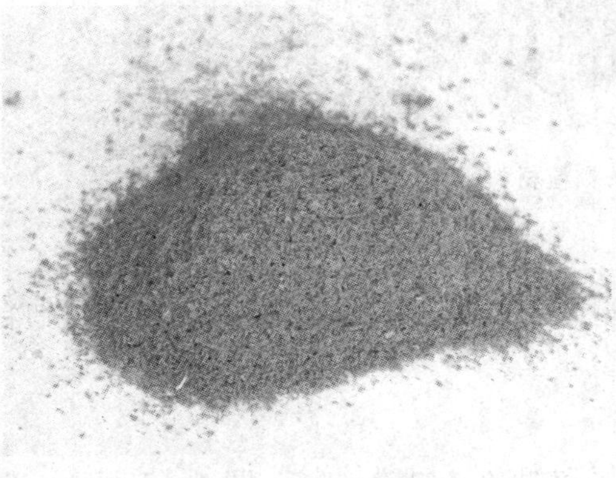

图 4—2 颗粒状草粉

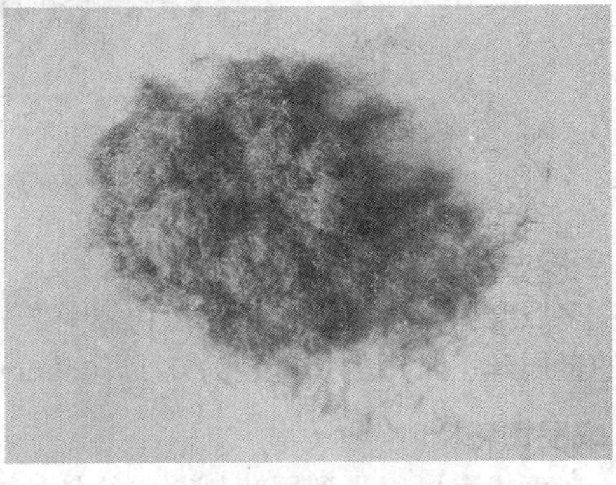

图 4—3 纤维状草粉

3. 仿真草皮

仿真草皮又叫草绒纸，是用于制作模型绿地的一种专用材料。该材料质感好，颜色逼真，使用简便，仿真程度高。但在表现曲率变化的山地时有其局限性。目前，此材料有进口的，产地分别为日本、德国、韩国等国家和我国台湾地区，价格偏高。仿真草皮如图4—4所示。

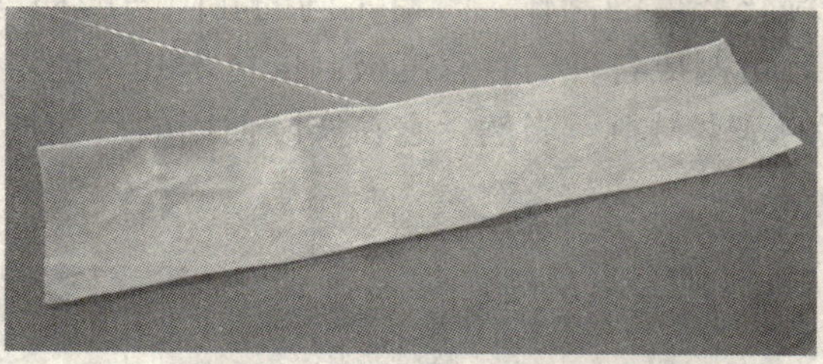

图4—4　仿真草皮

4. 石头颗粒材料

石头颗粒是用于制作模型石头路面的一种专用材料，由纸质材料加工而成。成品材料有多种颜色，使用简便，仿真程度高。石头颗粒如图4—5所示。

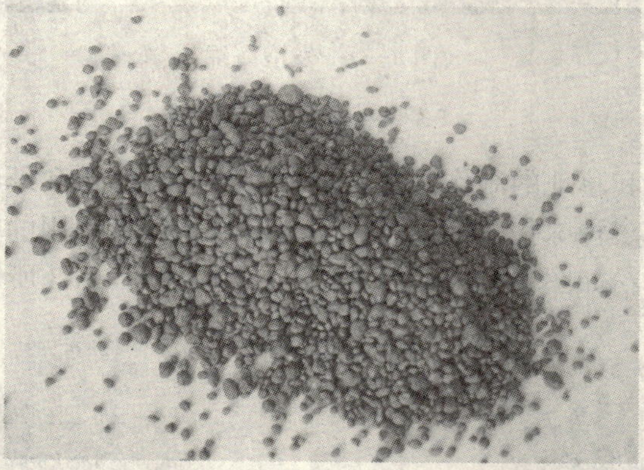

图4—5　石头颗粒材料

5. 多股金属丝

多股金属丝主要用于绿色植物枝干部分的塑造。根据比例的不同，选择不同粗细和股数的金属丝。常用的是直径为0.1～0.2mm的金属丝。

6. 成品树和树叶

在市场上可以买到用塑料制成的各种成品树和树叶，如图4—6、图4—7所示。也可以自制树叶，如图4—8所示。

图 4—6　成品树叶

图 4—7　成品椰子树

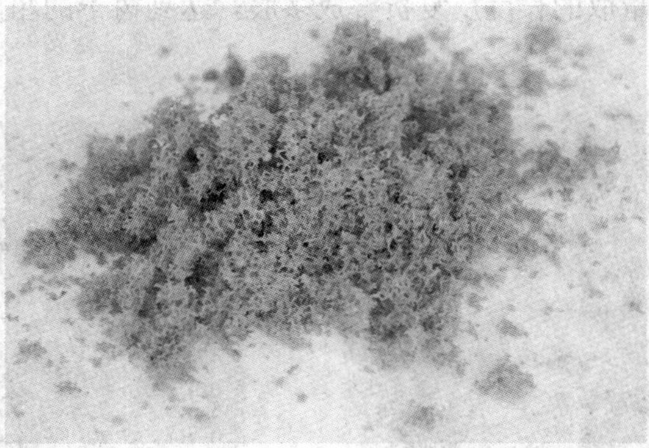

图 4—8　自制碎树叶

4.1.2 制作树木的方法

1. 常见树的品种

环境模型中常见树的品种很多，如白桦树、枫树、松树、塔松、雪松、梧桐树、樱花树等，如彩图 6～彩图 12 所示。

2. 树干的制作方法

制作树干的材料和工具主要有金属丝、剪刀、镊子、直尺、喷漆设备和油漆等。制作步骤如下：

（1）树干的制作材料是金属丝，如图 4—9 所示，根据不同的树种和树的大小选用不同直径的金属丝。

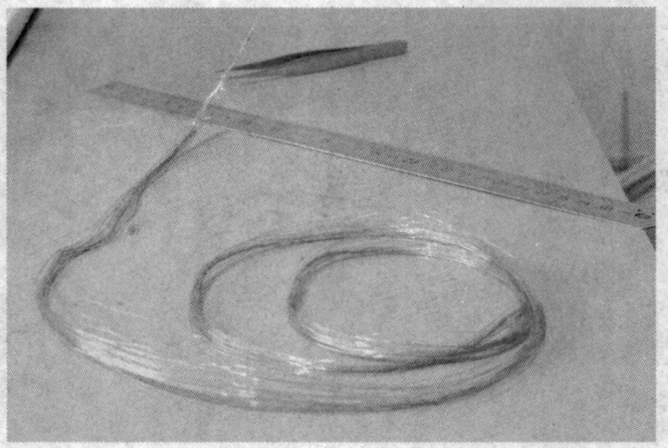

图 4—9 树干材料铜丝

（2）按制作比例确定树高，再按树高的 1.3 倍定金属丝的长度。量取金属丝的长度，如图 4—10 所示。根据量取的长度反复折叠成多股，达到树干的粗度后，剪去多余的金属丝，如图 4—11 所示。

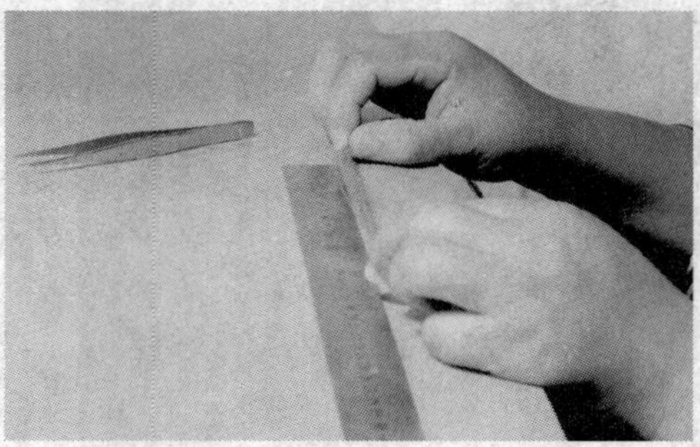

图 4—10 量取树干原长

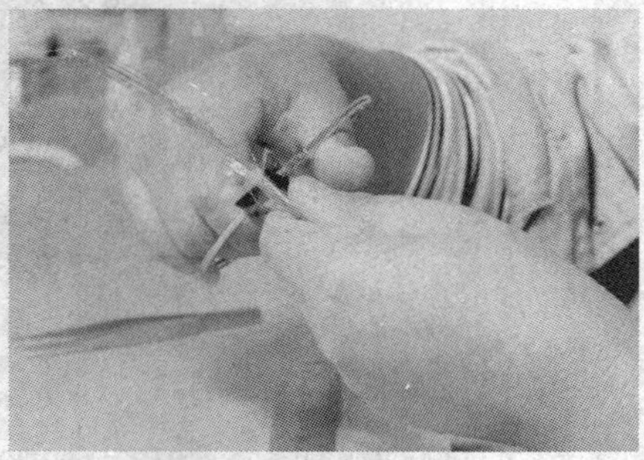

图 4—11 剪去多余材料

（3）将多股金属丝一端拧成麻花状，制作成树的主干，另一端分叉，制作成树枝。具体步骤如图 4—12～图 4—18 所示。

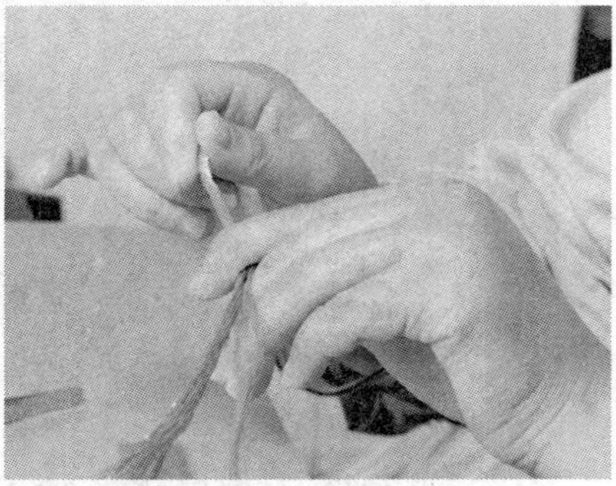

图 4—12　将金属丝一端拧成麻花状

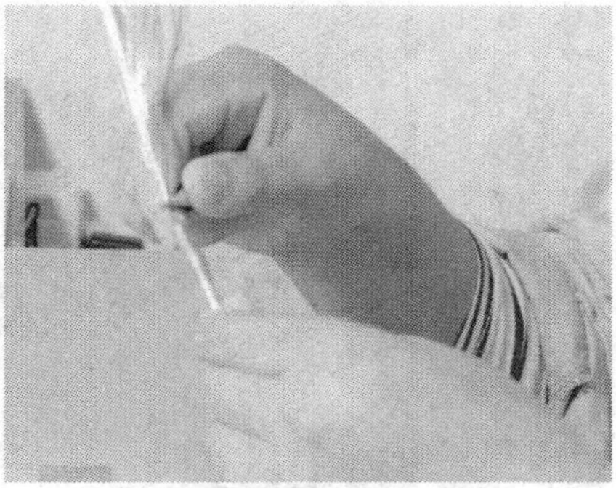

图 4—13　制作树主干

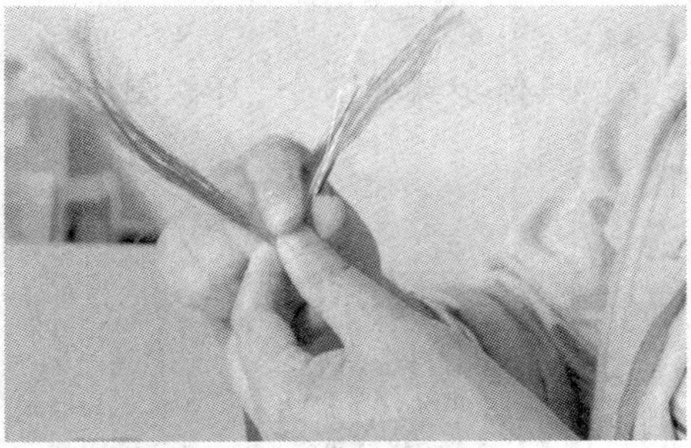

图 4—14　分出大树杈

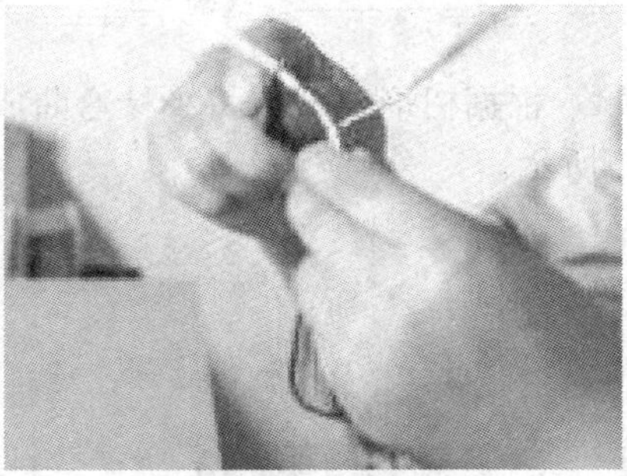

图 4—15　大树杈根部拧成一股

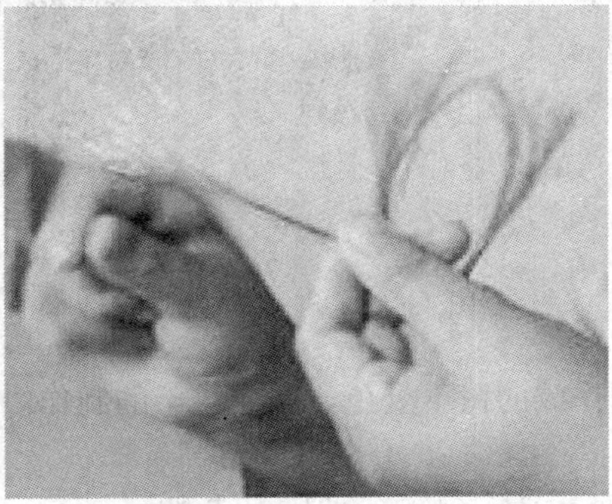

图 4—16　继续制作分枝干

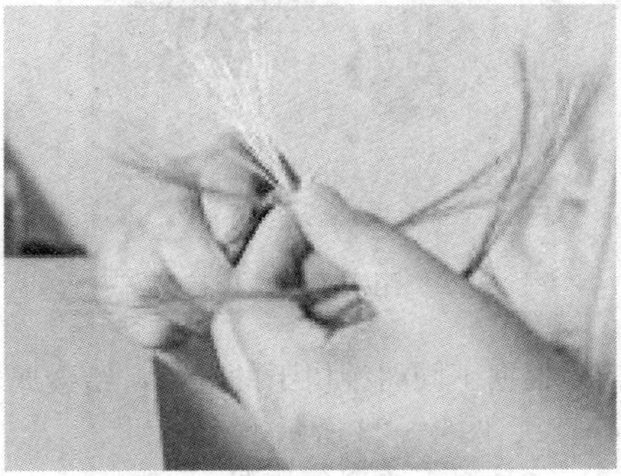

图 4—17　分枝干根部拧成一股

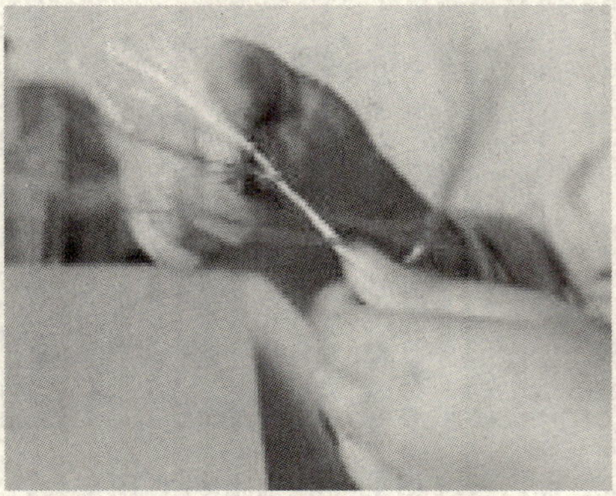

图 4—18　分树杈完成

图 4—19　修剪树枝

（4）根据树形剪枝，将小枝弯曲成树枝的形状。具体步骤如图 4—19、图 4—20 和图 4—21 所示。

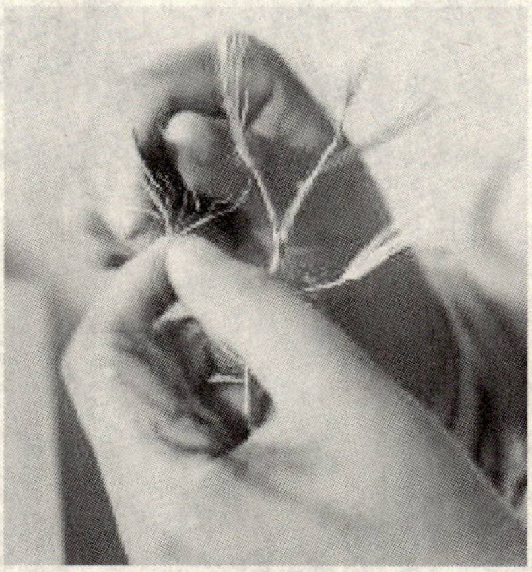

图 4—20　用镊子给树枝造型

图 4—21　进一步修整

（5）根据不同树种树干的颜色，给金属丝制作成的树干上色，完成树干的制作。步骤如图 4—22、图 4—23 所示。

（6）各种树干造型。如图 4—24～图 4—30 所示为自制的各种树干造型。

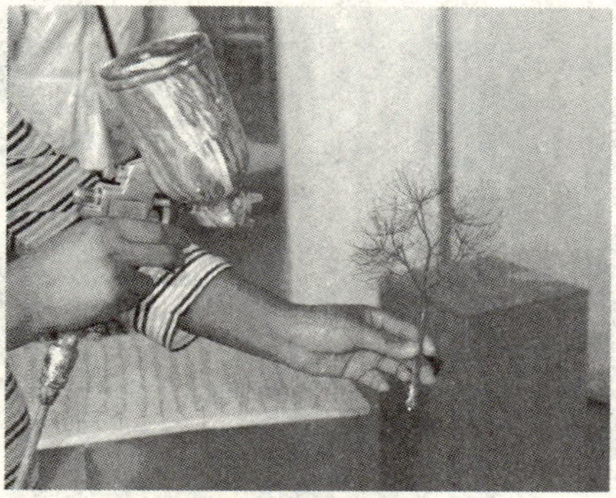

图 4—22　树干喷色

图 4—23　完成树干制作

图 4—24　白桦树干

图 4—25　枫树干

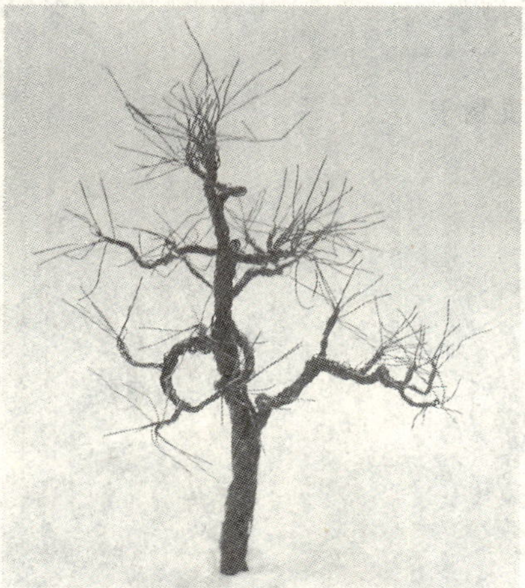

图 4—26　松树干

图 4—27　塔松树干

图 4—28　雪松树干

图 4—29　梧桐树干

图 4—30　樱花树干

如图 4—31 所示为外购的各种成品树干。

图 4—31　外购成品树干

3. 树叶的制作

制作树叶的常用材料和工具有海绵、染料、粉碎机、筛子。制作步骤如下：

（1）选料。根据不同的树种和树的大小，选择孔隙不同的海绵。一般大的树选用孔隙较大的海绵，小的树选用孔隙较小的海绵。就树种而言，大树叶树种选用孔隙较大的海绵，小树叶树种选用孔隙较小的海绵。

（2）粉碎。将大块的海绵撕成小块后放入粉碎机中粉碎，如图 4—32 所示。

（3）筛选。用不同型号的筛子分出不同粗细的海绵树叶，根据树和树叶的要求选择合适的海绵树叶，如图 4—33 所示。

图 4—32　粉碎

图 4—33　筛选

（4）染色。将筛选好的海绵树叶放入盆内，倒入织物颜料搅拌、染色。海绵树叶的颜色可根据树种和模型主题的不同需求染成不同的色彩。染色时应注意，颜料的用量要适中，太少，染不透；太多，会使海绵树叶太黏而撒不开。为使染色均匀，要将海绵树叶放置手中不停地搓揉。染色的步骤如图 4—34、图 4—35 和图 4—36 所示。

图 4—34　倒入颜料

图 4—35　搓揉海绵树叶染色

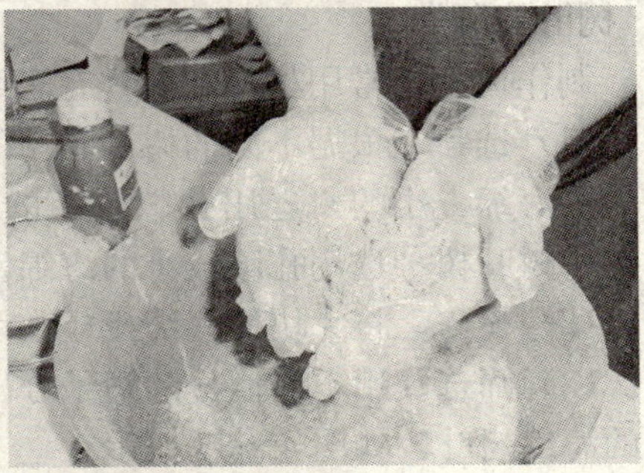

图 4—36　染好色的海绵树叶

4. 树叶与树干的粘结

树叶与树干粘结的材料和工具有白胶、定型水。树叶与树干粘结的操作步骤如下：

（1）树干上胶。将制作好的树干的树枝部分置入白胶中，使其均匀地蘸上白胶，如图 4—37 所示。

（2）将海绵树叶撒在蘸有白胶的树枝上，制作成树叶，如图 4—38 所示。

图 4—37　树干上胶

图 4—38　将海绵树叶均匀地撒在树枝上

（3）10 min 后，给树叶喷上定型水定型，完成树的制作，如图 4—39 所示。成品如图 4—40 所示。

图 4—39　给树叶喷定型水

图 4—40　制作完成

4.2 制作草地的方法

常用制作草地的方法有三种：颗粒状草粉材料草地的制作、纤维状草粉材料草地的制作、草皮材料的草地制作。

4.2.1 颗粒状草粉材料草地的制作

1. 颗粒状草粉的制作

颗粒状草粉的制作工具和材料有发泡海绵、染料、粉碎机、筛子、刷子等。制作步骤如下：

（1）选料。选择孔隙细小的发泡海绵。

（2）染色。将发泡海绵撕碎放入盆内，用油漆或织物颜料浸透并染色。浸透后捞出拧干，晾晒直至干透为止。如图 4—41、图 4—42 所示。发泡海绵的颜色可根据不同需求染成不同的色彩。

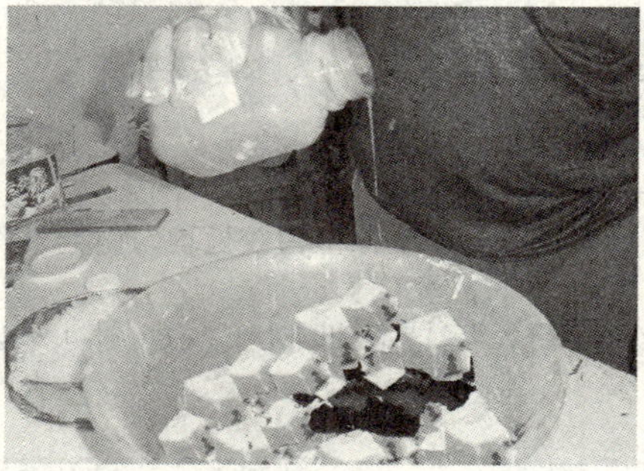

图 4—41　发泡海绵染色

图 4—42　将染色后的发泡海绵晾干

（3）粉碎。将染色后干透的发泡海绵放入粉碎机进行粉碎，如图 4—43 所示。

（4）筛选。用不同型号的筛子分出不同粗细的海绵草粉，根据不同草地的需要选择合适的海绵草粉，如图 4—44 所示。

图 4—43　粉碎发泡海绵

图 4—44　筛选粉碎的海绵

2. 制作颗粒状草粉材料草地

颗粒状草粉材料可以制作各种平地、丘陵地、山坡等地形复杂的草地。制作出来的草地质量高，形态自然、逼真，效果较好。

颗粒状草粉材料草地制作的常用材料有颗粒状草粉、白胶。制作步骤如下：

（1）上胶。将需要铺草地的区域涂上白胶，如图 4—45 所示。

（2）撒草粉。在涂有白胶的区域均匀铺上草粉，使地块和草粉粘结，如图 4—46 所示。

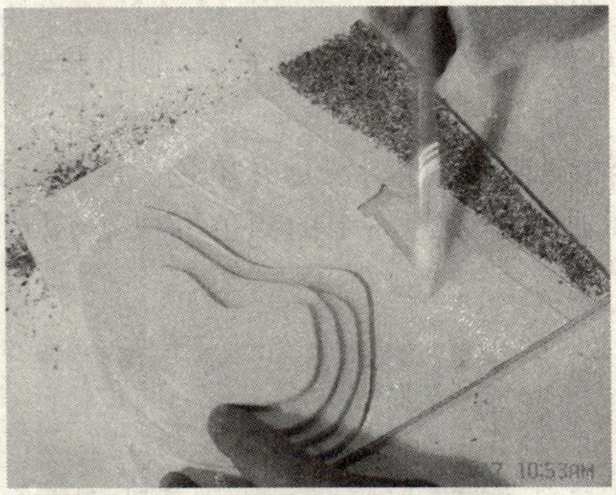
图 4—45　在需要铺草地处涂上白胶

图 4—46　在涂上白胶处均匀撒上草粉

（3）清理多余草粉。倾倒或用刷子清理多余草粉，完成草地制作，如图 4—47 所示。成品如图 4—48 所示。

图 4—47　制作好的草地

图 4—48　制作好的草地模型成品

另外，建筑模型中表现石头路面，制作方法与颗粒状草粉材料的草地制作相同，只是将颗粒状草粉材料改为石头颗粒材料即可。

4.2.2　纤维状草粉材料草地的制作

纤维状草粉有各种颜色，是外购材料，适用于平地、表面平整的地块或区域。制作出来的草地有质绒感，颜色鲜艳。

纤维状草粉材料草地的制作工具和材料有纤维状草粉、双面胶、美工刀或手术刀、刷子等。制作步骤如下：

1．画线

将要铺草地的底板，按要求分区域画好线，如图 4—49 所示。

2．贴双面胶

在需要铺草地的区域贴上双面胶，注意双面胶要贴平整，用美工刀或手术刀裁剪超出区域的双面胶，修整边缘，使之与区域边线对齐。步骤如图 4—50、图 4—51 所示。

3．撕去双面胶的背衬纸

操作方式如图 4—52 所示。

图 4—49　画好线的底板

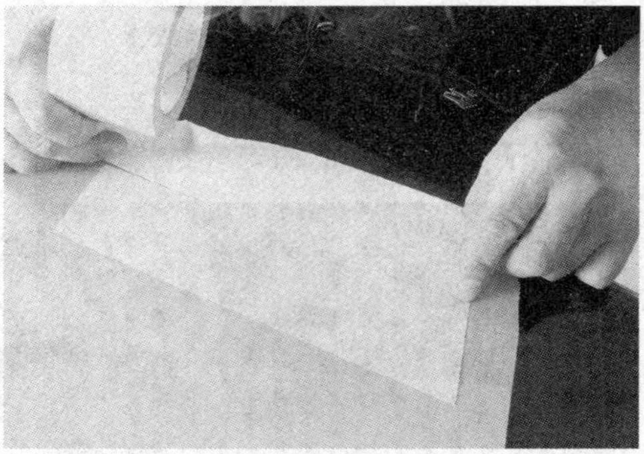

图 4—50　贴满双面胶

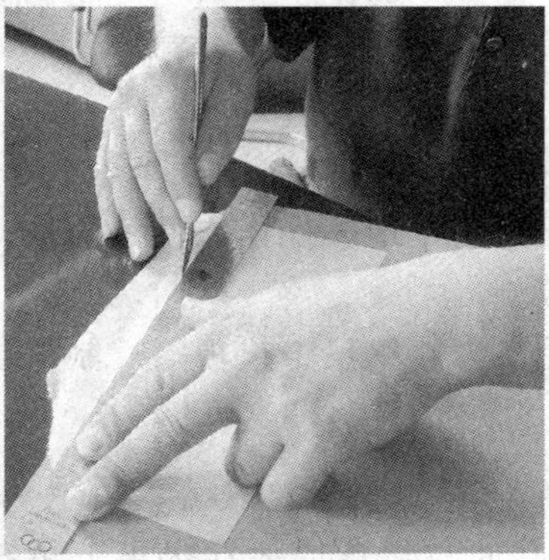

图 4—51　裁下超出区域的双面胶

图 4—52　撕去背衬纸

4. 铺草粉

将纤维状草粉放在双面胶上，用手搓揉铺平。操作方法如图 4—53、图 4—54 所示。

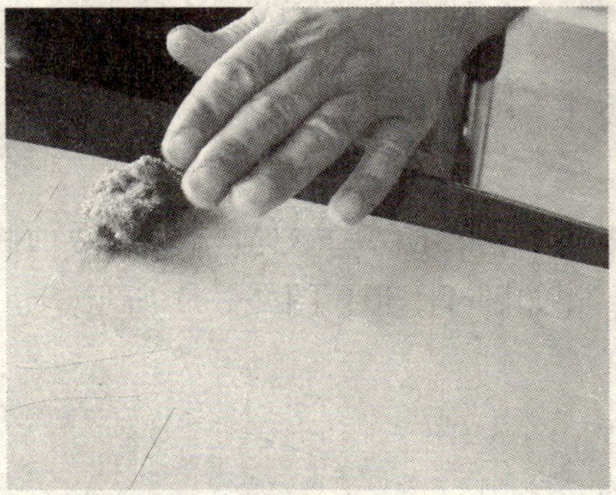

图 4—53　将草粉放在双面胶上

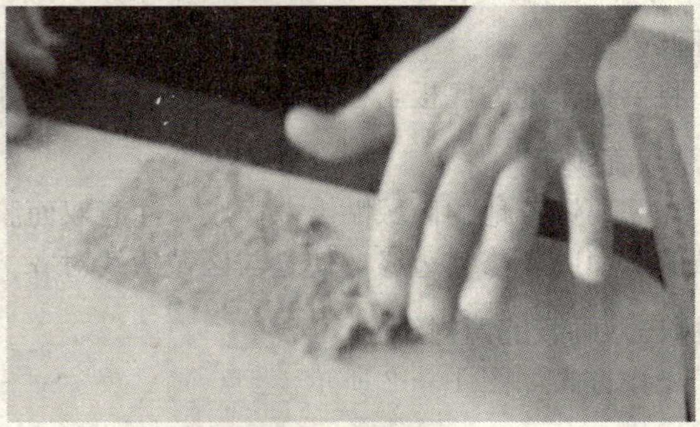

图 4—54　用手搓揉铺平

5. 清理多余草粉

用刷子清理多余草粉，完成草地制作。操作方法如图 4—55、图 4—56 所示。

图 4—55　草粉铺完

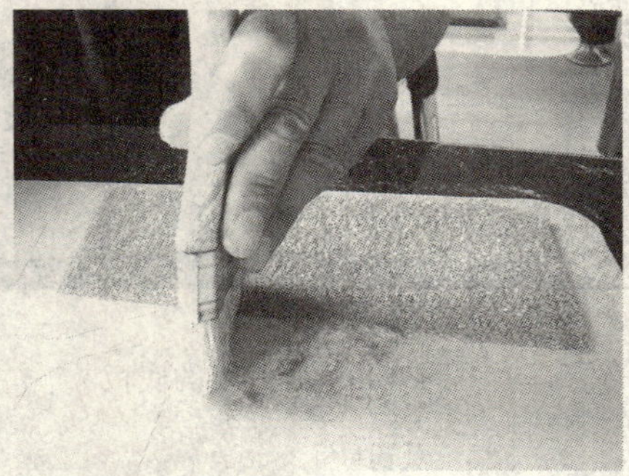

图 4—56　清理多余草粉

4.2.3　草皮材料草地的制作

草皮材料有多种颜色，是外购材料，只用于制作大面积的草地。操作方便、简洁，制作出来的草地色彩鲜艳，有绒质感。但粘结不好容易起皱。

草皮材料草地制作的材料和工具有草皮、美工刀或手术刀、钢尺、垫板等。制作步骤如下：

1. 裁剪草皮

按照铺草地区域的形状和尺寸裁剪草皮。注意：剪裁时，将草皮放在垫板上进行剪裁，用力应适中。用力太轻，草皮切不透；用力太大，则容易切坏垫板。步骤如图 4—57、图 4—58 所示。

图 4—57　量取铺草地区域的尺寸

图 4—58　剪裁草皮

2. 将草皮背衬纸撕开一小口，并将其翻卷

操作方法如图 4—59、图 4—60 所示。

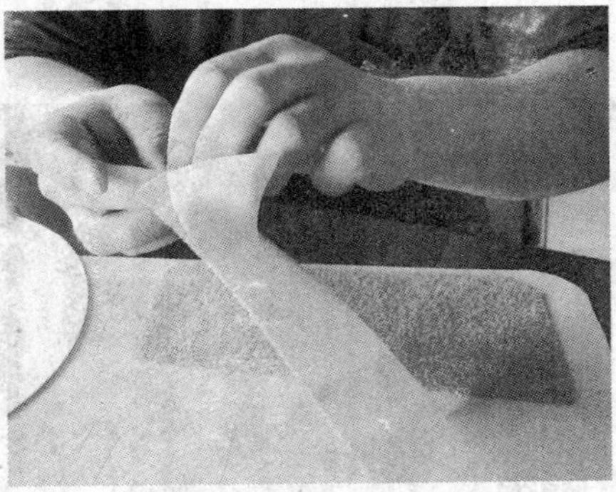

图 4—59　将背衬纸撕一小口

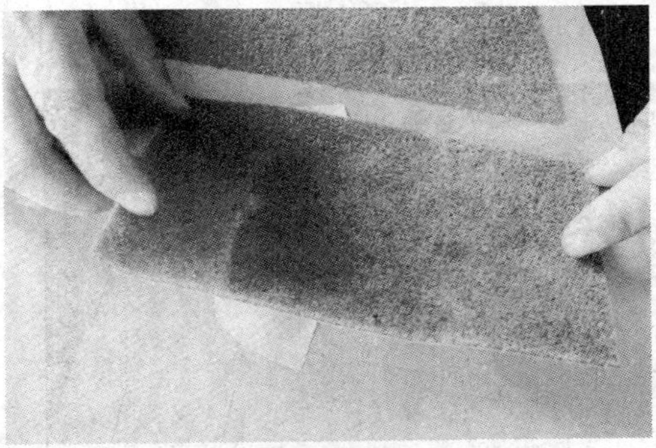

图 4—60　将撕开的背衬纸翻卷

3. 粘贴草皮

粘贴时，要将草皮边缘与铺草地区域边线对齐，注意粘贴过程中要一小段一小段粘贴、压平，切忌操之过急，以免造成铺贴草地皱褶不平。操作过程如图 4—61～图 4—68 所示。

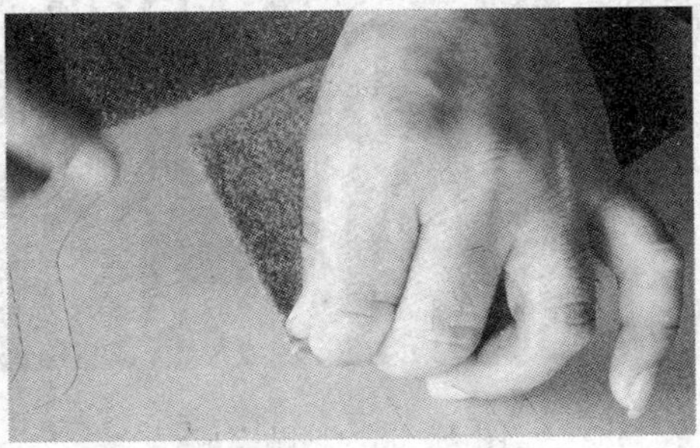

图 4—61　边缘对齐

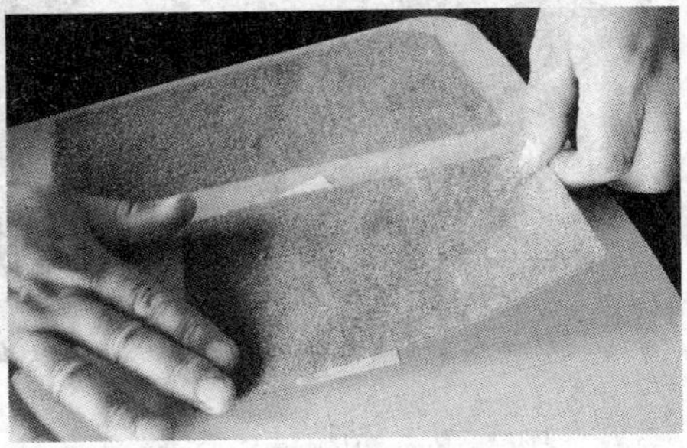

图 4—62　将端边的草皮贴好、压平

图 4—63　撕去草皮背衬纸

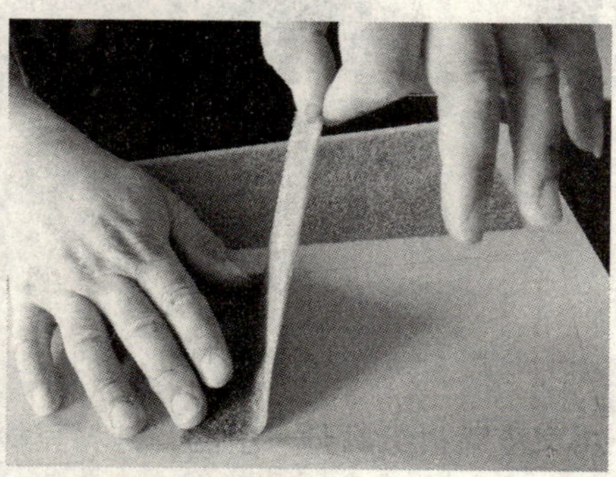

图 4—64　左手提起草皮一端，右手压平

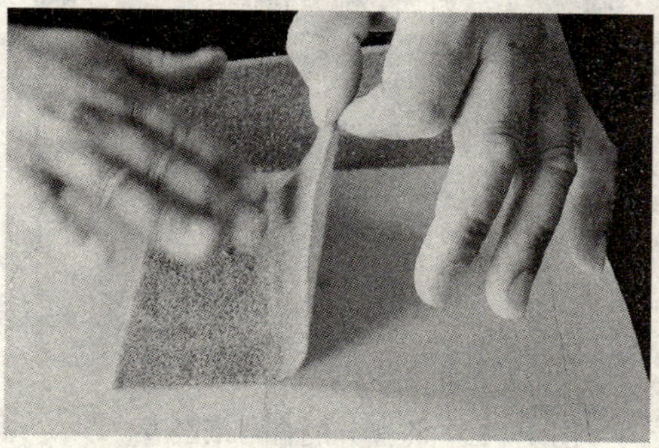

图 4—65　粘贴过程（一）

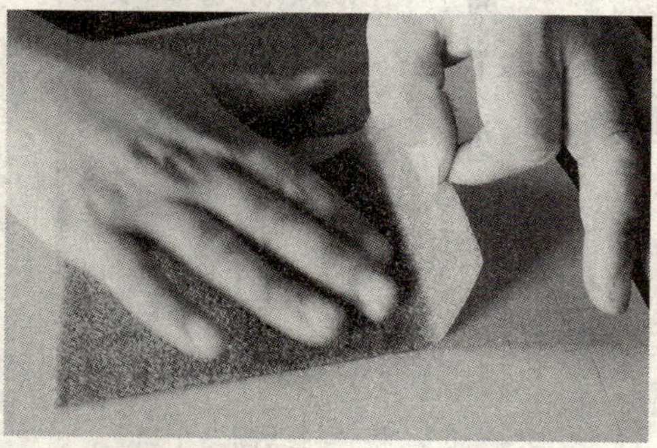

图 4—66　粘贴过程（二）

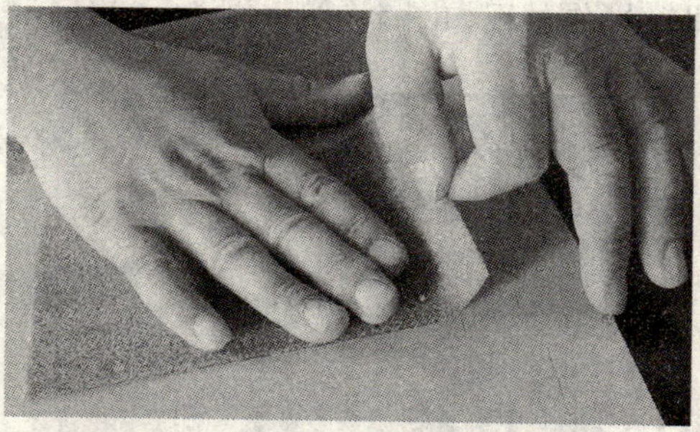

图 4—67　粘贴过程（三）

图 4—68　粘贴完成

职业技能鉴定要点

行为领域	鉴定范围	鉴定点	重要程度
理论准备	制作绿色植物的材料	制作树的材料	★
		制作草地的材料	★
	树的品种	7 种树的造型	★★★
技能训练	树木的制作	树干的制作	★★★
		树叶的制作	★★
		树叶与树干的粘结	★★
	草地的制作	颗粒状草粉草地的制作	★★★
		纤维状草粉草地的制作	★★
		草皮材料草地的制作	★★

思 考 题

1. 制作树干和树叶的工具和材料主要有哪些？制作步骤如何？
2. 常用的制作草地的方法有哪几种？
3. 颗粒状草粉的制作主要有哪些工具和材料？其制作步骤如何？

一体化考核模拟试卷

《建筑模型设计制作员（五级）》模块式一体化鉴定
模块一　建筑模型制作

试题代码：1.1.6

试题名称：用 ABS 塑料板，制作立体模型。

规定用时：90min。

1. 操作条件

（1）工作台、工作椅。

（2）ABS 塑料板材料。

（3）锉刀（小型）、砂纸（粗、细）。

（4）美工刀、钩刀。

（5）铅笔、三角尺、钢直尺、90°角尺、圆规、橡皮。

2. 操作内容

（1）根据零件图的要求尺寸裁剪 ABS 塑料板材。

（2）根据装配图，将裁剪好的 ABS 塑料板材拼接成立体模型。

（3）打磨立体模型表面。

3. 操作要求

（1）裁剪 ABS 塑料板材。根据零件图，在规定的材料上划线、裁剪，要求保证接口位置正确，裁剪尺寸准确，边线平直。

（2）拼接立体模型。根据装配图，将裁剪好的 ABS 板料插接成立体模型，要求形体正确，各个部位插接正确、牢固、平整。

（3）打磨立体模型表面。用砂纸和锉刀打磨立体模型表面，对模型表面进行清理，去毛刺、刀痕、线痕；要求无毛刺，手感平整，制作精细。

（4）在模型表面写上准考证号码。

模块二　建筑环境模型制作

试题代码：2.1.9

试题名称：制作建筑环境模型中的樱花树和梧桐树。

规定用时：60min。

1. 操作条件

（1）工作台、工作椅。

（2）制作树木材料：直径为0.1mm和0.2mm的铜丝、各色草粉、白胶。

2. 操作内容

（1）选用材料，制作樱花树，如图（一）。

（2）选用材料，制作梧桐树，如图（二）。

图（一）

图（二）

3. 操作要求

（1）制作樱花树要求。分别按1∶20、1∶50、1∶100的比例要求，制作3m高的樱花树3棵，要求选材合理，造型优美逼真，树干、枝叶比例协调，制作精细。

（2）制作梧桐树要求。分别按1∶20、1∶50、1∶100的比例要求，制作5m高的梧桐树3棵，要求选材合理，造型优美逼真，树干、枝叶比例协调，制作精细。

一体化考核模拟试卷评分表

鉴定评分表 1.1.6

考生姓名：　　　　　　准考证号：　　　　　　200　　年　　月　　日

试题名称	用 ABS 塑料板，制作立体模型	鉴定时限	90min

	评价要素	配分	等级	评分细则	评定等级				得分
					A	B	C	D	
1	尺寸准确	20	A	尺寸准确					
			B	尺寸较准确（误差小于±0.1mm）					
			C	尺寸基本正确（误差大于±0.1mm，小于±0.2mm）					
			D	尺寸错误					
2	形体线条平直	10	A	形体线条平直，整体效果良好					
			B	形体线条部分不平直，整体效果稍显不足					
			C	形体线条多处不平直，整体效果不完美					
			D	形体线条不平直，整体效果差					
3	接口拼接正确、牢固	10	A	正确拼接建筑模型的各环节，每个部位粘接正确、牢固、平整，整体效果良好					
			B	能拼接建筑模型的各环节，多数部位粘接正确、牢固、平整，整体效果稍显不足					
			C	能拼接建筑模型的各环节，部分环节粘接正确、牢固但粘接处不够平整，有些部位粘接不牢固，有脱落现象，整体效果不完美					
			D	不能正确拼接建筑模型的各环节，部分部位粘接不正确，有些部位粘接不牢固也不平整，整体效果不佳					
4	表面打磨平整、光滑、无毛刺	20	A	正确进行模型表面的清理工作，去除毛刺、刀痕及线痕，使建筑模型表面光滑，无毛刺，手感平整					
			B	能对模型表面进行清理，去除毛刺、刀痕及线痕，建筑模型表面无毛刺，但不够光滑、平整					

续表

试题名称		用ABS塑料板，制作立体模型		鉴定时限			90min	
评价要素		配分	等级	评分细则	评定等级 A	B	C	D	得分
4	表面打磨平整、光滑、无毛刺	20	C	能对模型表面进行清理，去除毛刺、刀痕、线痕中的两项，建筑模型表面不是很光滑，毛刺没有去除干净，表面不够光滑、平整					
			D	有对模型表面进行清理，去除毛刺或刀痕或线痕，建筑模型表面凹凸不平，毛刺没有去除干净，扎手					
5	形体正确	20	A	建筑模型的各环节剪裁合理，每个形体正确、完整，整体效果良好					
			B	建筑模型的各环节剪裁合理，大部分形体正确、完整，整体效果符合要求					
			C	建筑模型的各环节剪裁基本合理，部分形体的裁剪不符合图纸要求，整体效果不完美					
			D	建筑模型的各环节剪裁不合理，形体扭曲、不完整					
6	制作精细	20	A	制作精细，富有艺术性					
			B	制作较精细，美感略显不足					
			C	制作尚可，缺乏艺术性					
			D	制作粗糙					
合计配分		100		合计得分					

考评员（签名）：

等级	A（优）	B（良）	C（尚可）	D（差）
比值	1.0	0.8	0.6	0.0

“评价要素”得分＝配分×等级比值

鉴定评分表 2.1.9

考生姓名：　　　　　　准考证号：　　　　　　200　年　月　日

试题名称	制作建筑环境模型中的樱花树和梧桐树	鉴定时限	60min

评价要素		配分	等级	评分细则	评定等级 A	B	C	D	得分
1	比例正确	20	A	比例正确					
			B	比例较正确					
			C	比例基本正确					
			D	比例不正确					
2	材料选择合理	20	A	形象逼真					
			B	形象较真实，枝干或叶子略有差异					
			C	形象近似，枝干和叶子都有差异					
			D	形象失真					
3	造型优美、逼真	20	A	造型优美、逼真					
			B	造型较逼真、缺乏美感					
			C	造型一般、近似					
			D	造型失真					
4	制作精细	20	A	制作精细					
			B	制作基本精细，局部有小瑕疵					
			C	制作尚可，细节处有较多问题					
			D	制作粗糙					
5	树干、枝叶比例协调	20	A	树干、枝叶比例协调					
			B	树干、枝叶比例较协调，与样图稍有差异					
			C	树干、枝叶比例一般，与样图有一定差距					
			D	树干、枝叶比例不匀称，不真实					
合计配分		100		合计得分					

考评员（签名）：

等级	A（优）	B（良）	C（尚可）	D（差）
比值	1.0	0.8	0.6	0.0

“评价要素”得分＝配分×等级比值